U0287342

基于累积损伤的机场水泥混凝土道面设计原理

蔡良才　吴爱红　王观虎　石鑫刚　张铎耀　著

科学出版社

北京

内 容 简 介

本书重点介绍了机场水泥混凝土道面在飞机荷载作用下的累积损伤计算方法，可为研究基于累积损伤的机场水泥混凝土设计方法提供理论基础。本书共 7 章，内容包括机场道面交通量分布模型、基于整机滑跑动力学模型的飞机动载计算、水泥混凝土道面结构响应力学模型与计算、水泥混凝土道面累积损伤计算方法及基于累积损伤平面分布的机场道面设计方法。

本书可供交通运输工程专业高年级本科生和研究生学习使用，也可供从事机场道面设计的工程技术人员及其他相关专业人员阅读参考。

图书在版编目(CIP)数据

基于累积损伤的机场水泥混凝土道面设计原理/蔡良才等著. 北京：科学出版社，2024.1
ISBN 978-7-03-074495-1

Ⅰ.①基… Ⅱ.①蔡… Ⅲ.①机场-飞机跑道-水泥混凝土路面-路面设计-研究 Ⅳ.①V351.11

中国版本图书馆 CIP 数据核字(2022)第 257863 号

责任编辑：杨 丹／责任校对：王 瑞
责任印制：赵 博／封面设计：陈 敬

科学出版社 出版
北京东黄城根北街 16 号
邮政编码：100717
http://www.sciencep.com
北京中石油彩色印刷有限责任公司印刷
科学出版社发行 各地新华书店经销
*
2024 年 1 月第 一 版 开本：720 × 1000 1/16
2024 年 6 月第二次印刷 印张：13 1/4 插页：1
字数：264 000
定价：168.00 元
(如有印装质量问题，我社负责调换)

前　言

进入 21 世纪以来，随着重型战斗机、大型运输机的列装使用，军用机场保障逐渐由单一机型保障向多机种多机型综合保障的趋势发展，军用机场水泥混凝土道面设计方法呈现出一定的局限性，主要表现在飞机起落架构造日益复杂，飞机胎压高、重量大，设计机型的确定出现困难，且由于采用设计飞机均匀分布的交通量模型，存在设计交通量与实际交通量的差异较大等问题。本书借鉴航空领域基于累积损伤曲线的道面设计理念，对军用机场水泥混凝土道面设计原理与方法开展了系列研究。

本书主要以保障军用飞机运行模式下的水泥混凝土跑道为研究对象，以道面各点的通行覆盖次数计算和允许作用次数计算为两条主线，综合利用交通量平面分布测试、整机滑跑动力学模型、道面有限元分析与现场足尺道面试验等技术手段，对飞机起飞与着陆的交通量分布进行区分，建立了跑道道面交通量平面分布模型，分析跑道横向与纵向损伤的分布规律，对纵向累积损伤分布进行研究，建立起飞与着陆累积损伤的叠加模型，通过道面结构三维有限元模型，实现道面各点应力状态的快速计算，提出并建立水泥混凝土道面累积损伤平面分布模型，将基于累积损伤曲线的道面设计方法继续发展，根据本书理论可以计算道面内任意一点的道面损伤性，可为基于累积损伤平面分布的机场水泥混凝土道面设计方法的发展提供理论依据。

本书第 1、2 章由蔡良才、张铎耀撰写，第 3、4 章由吴爱红、石鑫刚撰写，第 5~7 章由王观虎、石鑫刚撰写，全书由蔡良才、吴爱红统稿。

在研究工作和本书撰写过程中，得到同济大学赵鸿铎教授、空军工程大学邵斌教授等的帮助，在此表示感谢。

由于作者水平有限，书中难免存在不足之处，恳请读者批评指正。

作　者
2023 年 7 月

目　　录

第 1 章 绪 论

1.1 水泥混凝土道面设计方法研究背景及意义

进入 21 世纪以来，A380 等大型客机相继投入使用，为了适应复杂起落架作用条件下道面设计要求，各国纷纷开展道面设计理论研究。以 2009 年美国联邦航空管理局 (Federal Aviation Administration，FAA) 推出的道面设计规范 AC 150/5320-6E[1] 为代表，基于累积损伤曲线的道面设计方法逐渐建立起来，我国《民用机场沥青道面设计规范》(MH/T 5010—2017)[2] 就采用了这种方法。该方法不再将各机型的运行次数转化为设计飞机的运行次数，而是按通行覆盖率确定各机型的重复作用次数，并提出累积损伤因子的概念，根据 Miner 准则叠加计算各机型对道面的累积损伤作用，通过比较累积损伤因子与 1 的大小关系判断道面参数是否满足设计要求。

与国外沥青道面设计方法相比，我国对于水泥混凝土道面设计方法的理论探索进展相对缓慢。军用机场道面作为供飞机起飞、着陆滑跑、滑行及停放的道坪，良好的使用性能和足够的使用寿命能够保障航空兵部队顺利完成各项作战训练任务。随着新机型陆续列装部队，军用机场保障逐渐由单一机型保障向多机种多机型综合保障的趋势发展，传统军用机场道面厚度的计算方法越来越难以适应未来保障机型的设计要求：一是大型运输机的起落架构造复杂，新型战斗机胎压高、重量大，设计飞机的选取、交通量换算关系的确定、动载系数的取值等内容繁琐，需要做大量的前期测试工作；二是采用道面通行宽度内设计飞机均匀分布的交通量模型一定程度上降低了交通量最大值，而所有飞机均按照设计飞机的交通量在相同位置叠加，未考虑起落架构型的不同，又在一定程度上放大了交通量最大值，设计交通量与实际交通量的差异较大；三是军用飞机具有自身特点，《军用机场水泥混凝土道面设计规范》(GJB 1278A—2009)[3] 选择着陆架次 0.75 倍的起飞架次来计算道面的疲劳损伤，与 FAA 和民航道面设计方法中忽略着陆的做法不同，着陆对道面损伤作用换算方法存在争议；四是由于飞机着陆接地点与起飞离地点位置不同，尤其是对于短距起降飞机，飞机运行并不覆盖整条跑道，交通量存在纵向分布，且横向与纵向分布规律的联合会得到交通量的平面分布规律，这部分内容现有研究与应用基本空白；五是设计中对于动载的考虑仅在静载的基础上乘以动载系数，采用最不利点位下的道面响应作为极限荷载应力，而实际道面不同位置处的受力不同，即起飞、着陆过程中机轮荷载是不断变化的，这也导致道面允许作用次数在跑道纵向上是不断变化的。

国内现行水泥混凝土道面设计规范中，无论军用机场还是民用机场，通行宽度内均匀分布的交通量模型，大小与作用位置均保持不变的设计荷载，会导致道面设计偏于保守。偏于保守的道面设计虽然在一定程度上保证了道面结构的安全性，但也会造成材料的浪费和造价的提升。FAA 考虑轮迹的横向分布，建立了基于累积损伤曲线的机场道面设计方法。实际中由于交通量的平面分布与机轮荷载的纵向分布，机场道面累积损伤应具备平面分布的特征，不仅需要区分各机型的损伤作用，还要区分相同机型起飞、着陆等不同飞机运行状态的损伤作用。本书以国家自然科学基金项目"军用机场水泥混凝土道面累积疲劳作用的平面分布规律研究"(51578540) 为支撑，综合利用轮迹平面分布测试、SIMULINK 整机滑跑动力学模型仿真、ABAQUS 道面有限元计算、现场道面试验等手段，建立基于累积损伤平面分布的机场道面设计原理，主要达到以下研究目标：

(1) 研发机场交通量平面分布测试系统，明确轮迹横向分布与纵向分布测试方法，构建交通量平面分布模型，为建立基于累积损伤平面分布道面设计方法提供交通量依据。

(2) 在机场道面不平度仿真的基础上，建立六自由度整机滑跑动力学模型，研究道面平整度和滑跑速度对机轮动载的影响，给出跑道纵向机轮动载系数计算公式，为机场道面设计动载取值提供参考。

(3) 建立考虑接缝传荷的道面有限元模型，研究移动荷载作用下的道面结构响应，实现道面各点应力状态的快速计算，并开展现场足尺道面试验，验证有限元模型用于道面各点损伤计算的合理性。

(4) 综合上述交通量的平面分布测试、整机滑跑动力学仿真和道面有限元分析结果，叠加计算不同机型、相同机型不同运行状态下道面各点的累积损伤因子，并根据累积损伤因子的平面分布开展道面分段分区优化设计。

机场道面交通量平面分布模型可以计算道面各点的通行覆盖次数，交通量的计算由均匀分布到横向正态分布再到平面分布，是由"点"到"线"再到"面"的进步。考虑机轮荷载纵向分布的道面允许作用次数计算可以有效区分起飞、着陆等不同飞机运行状态的道面损伤，避免不同规范起飞、着陆交通量换算的分歧，具有重要的理论研究价值。该方法将道面设计由累积损伤曲线法发展为累积损伤曲面法，意味着在 FAA 提出的道面设计方法基础上又前进了一步，为道面分段分区优化设计和精细化维护决策与管理提供理论指导。

1.2　水泥混凝土道面设计方法概述

1.2.1　水泥混凝土道面设计方法

水泥混凝土道面通过面层的混凝土板将交通荷载产生的应力传递到基层及土基，承受着设计期限内环境和交通荷载的反复作用。在诸多水泥混凝土道面设计方法中，比较成熟的有 FAA 法、美国陆军工程兵团 (United States Army Corps of Engineers, USACE) 法、波特兰水泥协会 (Portland Cement Association, PCA) 法以及日本、加拿大、法国、苏联等水泥混凝土道面设计方法 [4]。

1967 年公布的 AC 150/5320-6A[5] 和 1974 年修订的 AC 150/5320-6B[6] 中水泥混凝土的板厚 (道面厚度) 均通过设计飞机种类、混凝土的弯拉应力和基层反应模量等参数查图确定，为典型的经验设计法。1978 年 AC 150/5320-6C 又在 AC 150/5320-6B 的基础上考虑了年航班数对道面厚度的影响，并明确采用基层反应模量表示基层的承载作用 [7]。1995 年 AC 150/5320-6D[8] 和 2009 年 AC 150/5320-6E[1] 均以 Winkler 地基薄板理论计算荷载应力，将影响图线法引入道面设计。AC 150/5320-6D 仍采用 "设计飞机" 的思想，将其余飞机起飞次数换算成设计飞机起飞次数，由设计飞机的当量起飞次数表征交通量。但随着新一代大型客机在机场运行，飞机质量和胎压骤增，起落架形式日趋复杂，采用设计飞机换算进行机场道面设计的方法难以满足要求，设计飞机的选取及交通量换算关系的确定越来越困难。为此，AC 150/5320-6E 取消了 "设计飞机" 的概念，提出了通行覆盖率和累积损伤因子的概念，根据 Miner 准则计算各机型对道面的累积损伤，并建立了 NIKE3D 有限元模型将其嵌入 FAARFIELD 软件来计算荷载应力。2016 年，FAA 公布了 AC 150/5320-6F，刚性道面有限元模型升级为 FAARFIELDv1.42 版本 [9]，程序界面如图 1.1 所示。FAARFIELDv1.42 根据国家机场道面试验设施 (National Airport Pavement Test Facility, NAPTF) 的相关测试调整了有关计算模型，采用 3D-FEM 计算的板边底部应力的 0.75 倍与 LEAF 计算的板中底部应力的最大值作为设计应力，最终通过累积损伤曲线法确定道面厚度。

除了 FAA 法外，USACE 法、PCA 法以及日本、加拿大、法国、苏联的水泥混凝土道面设计方法也较成体系。USACE 法在实际工程中积累完善，不断修正设计参数、优化方法并绘制了影响图线，逐渐被许多国家所采纳 [10]。PCA 法 [11] 和日本水泥混凝土设计方法 [12]，均采用 $r_i \cdot \sigma_{rd}/(f_{rd}/r_b) \leqslant 1.0$ 确定混凝土面层的疲劳厚度，其中 r_i 为重要度系数，σ_{rd} 为交通荷载与温度应力产生的设计应力强度，f_{rd}/r_b 为设计弯拉疲劳强度与面层系数比。加拿大水泥混凝土道面设计方法将 Westergaard 理论计算得到的设计飞机一个起落架作用下道面板中产生 2.8MPa 时的厚度作为面层的设计厚度，并考虑了土基在冻融期的强度衰减[13]。法国水泥混凝土道面设计方法采用板中的荷载应力除以适当的安全率 (根据接缝传荷能力取值为 1.8 或 2.6) 小于混凝土的容许弯拉应力来确定面层厚度[14]。苏联水泥混凝土道面设计方法将弹性半空间体薄板理论引入板中应力计算[15]。我国《民用机场水泥混凝土道面设计规范》MH/T 5004—2010 采用类似的设计思路并结合具体情况修订[16]。

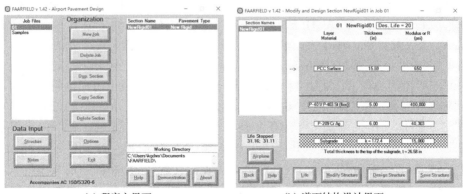

(a) 程序主界面   (b) 道面结构设计界面

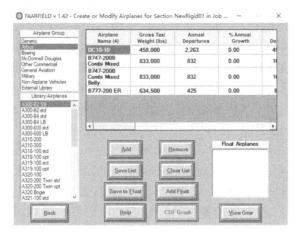

(c) 设计机型组合界面

图 1.1　FAARFIELDv1.42 程序界面

机场水泥混凝土道面厚度设计主要有两种方法。一种是以 "设计飞机" 为代表的极限应力设计法，采用一定可靠度下荷载疲劳应力与温度疲劳应力之和小于混凝土的设计抗弯拉强度的标准来确定道面厚度。例如，我国《军用机场水泥混凝土道面设计规范》GJB 1278A—2009 采用了这种计算方法，如式 (1.1) 所示：

$$\gamma_{\mathrm{r}}(\sigma_{\mathrm{pr}} + \sigma_{\mathrm{tqr}}) \leqslant f_{\mathrm{r}} \tag{1.1}$$

式中，γ_r 为可靠度系数；σ_{pr} 为荷载疲劳应力，MPa；σ_{tqr} 为温度疲劳应力，MPa；f_r 为混凝土的设计弯拉强度，MPa。

另一种为基于累积损伤曲线的方法，该方法取消了"设计飞机"的概念，通过 Miner 准则叠加计算各机型作用下的累积损伤因子，根据累积损伤因子的大小来判定设计道面是否满足要求。比较有代表性的为 FAA 道面设计方法和我国《民用机场水泥混凝土道面设计规范》[1,16]。

自 AC 150/5320-6E 起，FAA 水泥混凝土道面设计取消了设计飞机的概念，引入各机型的累积损伤因子，假设轮迹服从正态分布，定义了通行覆盖率的概念，对 820in(1in=2.54cm) 宽的道面按照每 10in 一个条带分别计算各机型累积损伤因子，最终通过 Miner 准则叠加计算总的累积损伤因子，根据总的累积损伤因子最大值与 1 的大小关系，判断道面设计是否合理。

我国《民用机场水泥混凝土道面设计规范》MH/T 5004—2010 中采用式 (1.2) ~ 式 (1.4) 进行道面设计：

$$\sum_{i=1}^{m} \frac{n_{ei}}{N_{ei}} = 0.8 \sim 1.1 \tag{1.2}$$

$$n_e = \frac{0.75 n_w W_t}{1000 T} N_s t \tag{1.3}$$

$$N_e = 10^{14.048 - 15.117 \sigma_p / f_r} \tag{1.4}$$

式中，n_{ei} 为 i 机型对道面的累计作用次数；T 为通行宽度，取值为 2.3m；W_t 为主起落架一个轮印的宽度，m；n_w 为一个主起落架的轮胎数量；N_s 为设计年限内飞机的年平均运行次数；t 为设计使用年限；N_{ei} 为 i 机型设计年限内飞机的年平均运行次数；σ_p 为荷载应力，MPa。

与 FAA 道面设计方法不同，我国民用机场水泥混凝土道面设计中的累计作用次数采用的是通行宽度内均匀分布的交通量模型，并考虑了一定可靠度范围，为"点"的交通量模型，计算的累积损伤因子为一个特定数值；FAA 道面设计方法中假设轮迹横向服从正态分布，为"线"的交通量模型，计算的累积损伤因子在横断面上为一正态分布曲线。实际上，由于起飞离地点、着陆接地点及飞机侧滑性能的不同，需要建立"面"的交通量模型，这也决定了道面实际作用次数应具有平面分布特征，尤其对于短距起降的军用飞机，忽略交通量的纵向分布会导致交通量与实际差异较大。且由于机轮荷载纵向分布的影响，道面允许作用次数在跑道纵向上也是变化的，忽略这一点，不同规范对起飞、着陆的交通量换算将存在差异。因此，不仅各机型之间要区分累积损伤作用，同一机型起飞、着陆等不同运动状态的累积损伤也需要区分。关于交通量的平面分布以及不同飞机运行状态下水泥混凝土道面纵向受力的差异，现有规范和研究中均鲜有报道。

1.2.2 水泥混凝土道面累积损伤计算方法

根据 Miner 准则计算各机型对道面的累积损伤时，其中的核心指标——累积损伤因子的计算主要包括两方面内容，其一是道面通行覆盖次数，与各机型的轮迹分布规律、交通量模型和通行次数计算方法有关；其二是道面允许作用次数，主要包括飞机荷载计算、道面结构响应计算和混凝土疲劳方程选取等方面。

1. 道面通行覆盖次数

道面厚度设计受多种因素的影响，主要包括交通量、通行覆盖率、不同机型累积损伤叠加效应和设计寿命等。设计方法中考虑的交通量，是指飞机起飞、着陆滑跑经过特定横断面的次数，一方面受到航空业务量年增长率的影响，另一方面受到轮迹分布的影响。长期以来，受公路交通量模型的影响，机场的交通量模型仅考虑了轮迹的横向分布，经历了从均匀分布到正态分布的发展历程 [17]。早在 20 世纪 50 年代末，美国空军就对跑道交通量开展了测试，并提出飞机轮迹均匀分布在跑道中部 1/3 宽度范围内 [18]。1960 年，Vedros[19] 提出了通行覆盖率的概念和通行宽度内飞机轮迹均匀分布的交通量模型，得到了广泛的认可和关注。此后，Hosang[20] 采用红外测距仪对布法罗国际机场和亚特兰大国际机场等 9 种主要机型 (包括 B727、B737、B747 等) 开展了轮迹分布测试，认为机场横断面的交通量采用正态分布拟合更为合理，相关结论在 Dulce[21] 的研究中进一步得到证实。

各国的道面设计方法中对飞机轮迹横向分布均有不同程度的考量，澳大利亚的机场道面结构设计系统 (Airport Pavement Structural Design System, APSDS)[22] 对跑道和滑行道的轮迹横向分布标准差分别规定为 1.8～3.4m 和 0.8～1.8m。在纽约肯尼迪国际机场 [23] 和安克雷奇国际机场 [24]，波音公司联合 FAA 采用激光测试技术开展了 B747 飞机轮迹横向偏移测试，并根据前期测试结果，在 FAA 咨询通报 (AC 150/5320-6E) 中提出了轮迹横向分布标准差 30.435in(0.773m) 的结论。荷兰的道面设计方法中 [25]，假定轮迹横向分布为标准 Beta 分布，其中 45m 跑道宽度时起飞轮迹偏移标准差建议取值为 2.4m，着陆轮迹偏移标准差建议取值为 2.6m；60m 跑道宽度时起飞轮迹偏移标准差建议取值为 2.4m，着陆轮迹偏移标准差建议取值为 3m。日本机场铺装设计指南 [4,12] 中，根据道面位置和设计荷载分类，对跑道起飞和着陆区域的轮迹横向偏移分别提出了标准差建议值，其中飞机起飞时标准差为 0.42～0.91m，着陆时的标准差为 1.31～1.74m。

我国的道面设计规范中除《民用机场沥青道面设计规范》MH/T 5010—2017
外，《军用机场沥青道面技术规范》GJB 5766—2006[26]、《民用机场水泥混凝
土道面设计规范》MH/T 5004—2010 及《军用机场水泥混凝土道面设计规范》
GJB 1278A—2009 等仍假设轮迹在横向通行宽度内服从均匀分布。轮迹正态分
布模型和均匀分布模型如图 1.2 所示。

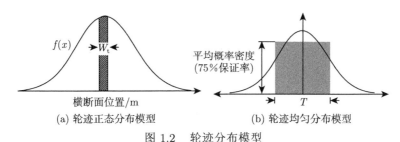

(a) 轮迹正态分布模型   (b) 轮迹均匀分布模型

图 1.2　轮迹分布模型

$f(x)$ 为轮迹分布概率；W_t 为有效轮胎宽度；T 为通行宽度

国内比较早开展机场交通量横向分布规律研究的是空军工程学院 (现空军
工程大学航空工程学院)，20 世纪曾对轰-5 和歼-6 两种飞机在跑道上起飞和着
陆滑跑时轮迹横向分布情况进行了实地测量。赵鸿铎[27] 对各国设计方法的轮
迹横向分布统计结果进行了对比分析。李乐[28]、王振辉[29] 分别对不同型号的
军用飞机的起飞、着陆轮迹进行实测，都得到了交通量横断面上服从正态分布
的结论，相关研究成果已作为军用机场道面厚度设计与跑道宽度可靠性设计的
支撑。吴爱红等[30]、蔡良才等[31] 详细阐述了累积损伤的计算原理，研究了该
原理用于机场道面设计的可行性。随着基于累积损伤曲线的设计方法逐步被接
受，国内普遍采用交通量横向分布模型计算荷载实际作用次数。林小平[32]、李
青等[33] 的研究表明，采用交通量横向分布模型计算的通行覆盖次数更加符合
实际情况。雷电[34] 通过对红外、视频、压电和激光等轮迹横向分布测试系统
的综合对比，最终确定采用激光测试技术对上海虹桥国际机场主要机型的轮迹
横向偏移进行了现场实测，测试结果统计显示轮迹分布采用均值为 0.17m、标
准差为 0.99 的负偏态分布拟合更为理想。史恩辉[35] 在上海虹桥国际机场现场
测试数据的基础上，以正态分布拟合轮迹横向分布规律，并将统计结果用于道
面响应研究。机场交通量横向分布模型已被广泛应用于道面厚度设计[36]、跑
道宽度可靠性设计[37]、道面使用寿命预测[38] 等领域。

轮迹横向偏移均匀分布模型，即认为通行宽度内各点的交通量相等，实际
为 "点" 交通量模型；轮迹横向偏移正态分布或负偏态分布模型，考虑了交通
量在横断面上各点的不同，为交通量分布 "曲线"。但实际机场的交通量，尤其
是短距起降飞机，不仅存在交通量的横向分布，而且由于起飞离地点分布、着

陆接地点分布及飞机侧滑性能的不同，交通量在跑道纵向上也是变化的，即跑道交通量具备平面分布特征，需建立"面"交通量模型。国内外研究中对于交通量平面分布的考虑很少，吴爱红[39]提出了交通量平面分布的概念，将横向分布交通量模型进一步发展，为本书相关测试方法和分析手段的确定奠定了坚实的理论基础。

2. 道面允许作用次数

设计基准期内，既定道面结构所能承受的所有飞机的重复作用次数称为道面允许作用次数。

1) 飞机荷载计算

传统机场水泥混凝土道面设计方法中，仍以静力设计法为主，荷载取值为轮载作用于最不利荷位时的道面结构响应，有关动载的考虑仅在静载的基础上乘以动载系数，规范中采用的动载系数均是在实测基础上确定的经验值。早在20 世纪中后期，美国国家航空航天局 (NASA) 在飞机起落架安装传感器测量不平度激励下起落架的荷载响应[40]，丹佛国际机场有关 B737、B757 和 B777 三种型号的动态响应测试是民航动载系数设计的重要依据[41]。许金余等[42]实测了 Q5、J6、J8 等机型的动载，在测试和理论分析的基础上研究了飞机激励下机场水泥混凝土道面动力响应。我国《军用机场水泥混凝土道面设计规范》GJB 1278A—2009 中，根据胎压和道面位置的不同，动载系数的取值如表 1.1 所示。动载系数是基于对飞机的动载实测，并结合国内外相关资料确定的。随着机型更新，保障机型日趋多样，再次开展动载实测的工作量巨大。与车辆荷载不同，运行状态下的飞机荷载更为复杂：一方面，飞机起飞、着陆滑跑过程中的速度变化会导致升力变化，与道面作用的竖向荷载与滑跑速度有一定的相关性；另一方面，滑跑过程中，机轮受到道面不平度的激励作用，会产生随机振动荷载，这也是产生动载的重要因素。这两方面原因导致了作用于道面的荷载随滑跑距离的变化而变化，即荷载在道面上存在纵向分布，而规范中仅考虑了最不利荷位的动载最大值。

表 1.1　动载系数取值

道面位置	不同胎压 q 下的动载系数	
	$q < 1.08\text{MPa}$	$q \geqslant 1.08\text{MPa}$
跑道端部	1.25	1.20
跑道中部	1.0	

仿真计算的发展，为求解道面不平整等复杂条件下的机轮动载提供了可能。主要有两种仿真计算方法：一种为理论建模法，该方法是指对飞机机体地面动力学模型的表达，起落架设计中已有学者开展了很多有借鉴意义的工作[43,44]，

可以全面模拟飞机地面的真实运动状态。在机体动力学建模过程中，涉及道面不平度的仿真，可以借鉴路面不平度仿真的相关成果，车辆平稳激励模型已经很成熟。Sun 等[45] 通过推导得到了功率谱密度与随机动载的理论计算公式，简谐叠加法、逆傅里叶变换法、滤波白噪声法以及神经网络等生成路面不平度方法被广泛用于车辆振动分析。在机场领域，张献民等[46] 引入了升力影响因子对文献 [44] 提出的动载计算模型进行了空气动力修正，将 1/4 车辆模型用于机场道面动载计算，但采用的升力影响因子仅是经验公式。凌建明等[47] 将飞机动力学模型与 1/4 车辆模型对比，采用国际平整度指数 (international roughness index, IRI) 评价机场道面平整度的适用性，研究中采用的评价指标为竖向加速度，且没有考虑升力的影响和起落架缓冲器的非线性作用，未关注机轮动载变化。另一种为虚拟样机法，美国 MSC Software 公司开发的 ADMAS 动力学仿真软件中 Aircraft 模块被广泛用于飞机设计领域[48]，马晓利等[49] 和 Tian 等[50] 基于 AD-MAS/Aircraft 仿真模块实现了起落架着陆状态的落振试验仿真，Wang 等[51] 同样基于 ADMAS/Aircraft 仿真模块通过编程实现了全机模型的自动建立。杨尚新[52] 通过 ADAMS/Aircraft 对单腔和双腔飞机缓冲器进行模拟，比较了其滑行力学响应的不同。荀能亮[53] 也利用该模块对四点式起落架飞机的地面滑行开展仿真，研究了该起落架形式的滑跑力学特性和转弯特性。蔡宛彤等[54]、Liang 等[55] 和朱立国等[56] 采用虚拟样机技术，对道面不平度激励下飞机滑跑过程进行了动力学分析，提供了一种道面动载计算的新思路。

　　综上所述，我国军用和民用机场水泥混凝土道面设计规范中计算的道面荷载应力均仅考虑了荷载 (静载乘以动载系数) 作用于最不利荷位时产生的板底最大拉应力，实际仍为静力设计法，未考虑机轮荷载沿跑道纵向的变化而导致的道面各点受力的不同。

　　2) 道面结构响应计算

　　弹性地基模型和多层弹性地基模型为道面结构响应计算的两种重要模型，前者又分为 Winkler 地基模型、弹性半空间体地基模型和 Pasternak 地基模型[57] 三种。Winkler 地基模型，将地基简化成紧密排列、互不相关的弹簧，参数地基反应模量 k 表征挠度与压力成正比，如图 1.3(a) 所示。弹性半空间体地基模型将地基视为均匀的半无限连续介质，一点的挠度与压力和其他点的压力均有关，如图 1.3(b) 所示，由弹性模量 E_0 和泊松比 μ_0 两个参数来表征[58]。Pasternak 地基模型将地基简化为具有横向阻尼的弹簧，采用地基反应模量 k 和剪切模量 G 来表征，如图 1.3(c) 所示。该模型是在弹性半空间体理论基础上发展而来，主要由若干弹性层组成，更加符合路面实际，但由于涉及的参数较多，解析法求解板的内应力困难。当层状体系为一层时该模型简化为弹性半空间体地基模型。图 1.3 中，p 表示均布载荷。

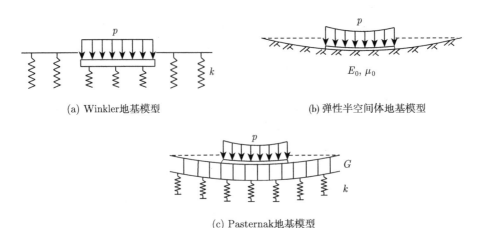

(a) Winkler地基模型　　　　　　　　(b) 弹性半空间体地基模型

(c) Pasternak地基模型

图 1.3　弹性地基模型

　　我国的道面设计方法中，民用机场采用的是 Winkler 地基模型，《公路水泥混凝土路面设计规范》JTG D40—2011 和《军用机场水泥混凝土道面设计规范》GJB 1278A—2009 中均采用弹性半空间体地基模型，而 Pasternak 地基模型由于求解困难，层内建模复杂，应用相对较少。

　　混凝土道面结构响应计算方法主要有解析法、影响图线法和有限元法等三种。Westergaard[59,60] 以薄板理论为基础，提出了 Westergaard 地基板模型，对圆形均布荷载作用板不同位置的应力进行求解，是对"液体地基"模型的完善和发展。此后，Ioannides 等 [61] 对 Westergaard 地基板模型进行一定修正，该模型逐渐在多国道面设计中被应用。Pickett 等 [62] 采用 Westergaard 地基板模型，计算了多工况下的道面响应，并编制了影响图线。此后，广大学者和设计人员均根据本地域的特点绘制了相应的计算图表，如 Jones 对 $\mu = 0.5$ 时三层弹性层状体系大量的数值计算结果编制了图表 [63]。解析法和影响图线法只能求解有限条件下的特殊解，对于复杂问题，有限元法逐渐成为道面结构计算的主流。Cheung 等 [64] 建立了二维有限元理论，Huang 等 [65] 基于 Winkler 地基和薄板理论对该理论进行完善，Chou[66] 发展了二维有限元模型，并建立了 WESLIQID 有限元软件，该软件可以计算多种荷载作用下的双板有限元结构。1978 年，Tabatabaie 等 [67] 基于 Winkler 地基和中板理论开发了 ILLISLAB 模型二维有限元计算软件，能够模拟板间传荷能力和温度应力，但仅限为单层板模型，不同位置的传力杆具有相同的传荷能力。此外，JSLAB、WESLAYER 等二维有限元软件在 20 世纪 90 年代末也得到广泛的应用和推广。但二维有限元计算方法具有以下不足：不能精确模拟层间横向摩擦接触，不能计算传力杆与其周围混凝土的界面接触应力等。相比于二维有限元模型，三维有限元模型可以更加真实地模拟道面结构响应和接缝受力状态。1992 年，Ioannides 等 [68] 等建立了三维有限元模型，分析了道面接缝受力状态。同年，Hammons 等 [69] 建立的三维道面有限元模型考虑了不同接缝形式，对接缝的传荷能力进行了有效模拟。美国联邦航空管理局开发的 FAARFIELD 软件，采用 LEAF 有限元模型计算板中和板边应力 [70]。Füssl 等 [71] 在建立有限元模型时，采用传力杆试验确定的各向异性的变形及摩擦系数，地基模型采用改进的 Drucker-Prager 模型，所建的三维有限元模型更加符合实际。Adel 等 [72] 将地基响应与模量预测模型嵌入道面有限元计算中，研究了飞机荷载和重锤弯沉仪作用下地基参数的变换规律。水泥混凝土道面常用有限元计算软件如表 1.2 所示 [73]。

表 1.2　水泥混凝土道面常用有限元计算软件

有限元软件	板模型	地基模型	接缝类型
JSLAB	二维平面单元	Winkler 地基	线性弹簧
SLAB 2000	二维平面单元	Winkler 地基 弹性半空间体地基	线性弹簧
KENLAYER	二维平面单元	Winkler 地基	线性弹簧
WESLIQID	二维平面单元	Winkler 地基	线性弹簧
FEACONS III	二维平面单元	Winkler 地基	线性弹簧和扭力弹簧
EverFE 2.24	三维实体单元	Winkler 地基	线性弹簧、非线性弹簧、杆单元
ABAQUS ANASYS	三维实体单元	Winkler 地基 3D 实体单元， 自定义地基模型	线性弹簧、非线性弹簧、杆单元

随着国内大型运输机种类的增加和飞机起落架构造日趋复杂，水泥混凝土道面结构响应计算逐渐转向利用有限元法。刘文等 [74] 详细介绍了采用等效面积法模拟混凝土接缝的相关计算，分别计算了考虑接缝和不考虑接缝两种情况下的板底应力，并与 EverFE2.0 模型计算结果进行了对比。凌建明等 [75] 和李巧生等 [76] 均利用 ABAQUS 软件，计算了大型军用飞机伊尔-76 复杂起落架作用下水泥混凝土道面的力学响应。罗勇等 [77] 对弹簧单元法、虚拟材料法及实体建模法三种接缝单元模拟方法进行了比较，并确定了集料嵌锁和传力杆两种接缝类型的评价指标。张献民等 [78] 采用三维有限元建立了全跑道宽度的有限元模型，分析了起落架构型对道面结构响应的影响。戚春香等 [79] 分析了板厚、地基刚度等因素对板和传力杆受力性能的影响，并采用缩尺试验对有限元模型进行了验证。邹晓翎等 [80] 以 A380 作为代表机型，分析了板平面尺寸大小对面层板底最大拉应力的影响。David 等 [81] 采用 ABAQUS 有限元软件，对单轮双轴、双轮双轴和三轮双轴等 3 种起落架荷载作用下最不利点位与结构响应大小进行了详细的对比分析。阳栋等 [82] 和游庆龙等 [83] 同样采用 ABAQUS 建立了九块板模型，分别以水泥混凝土道面和复合道面为研究对象，分析了 A380 和

B777 飞机全起落架作用下道面结构响应，研究了复杂起落架的应力叠加效应。

有关道面结构在移动荷载的动态响应，国内外学者均开展了大量的研究。1954 年，Kenney[84] 求解了线性阻尼条件下，Winkler 地基上无限大板动态响应问题，Thompson[85] 采用弹性地基模型，计算了移动荷载下无限大板的动态力学响应。随着有限元理论的广泛应用，广大学者也开展了简支梁与无限大板在移动荷载作用下的动态响应问题的有限元仿真研究。Zaman 等 [86] 建立了移动荷载作用下黏弹性地基模型薄板动态响应有限元方程，在此基础上，1995 年 Taheri 等 [87] 在有限元分析中考虑温度梯度，建立了移动荷载和温度梯度综合作用下的有限元模型。2001 年，Davids[88] 采用三维有限元分析了移动荷载作用下的接缝传荷规律。Sawant 等 [89] 对有限和无限大板在移动荷载作用下的动态响应进行模拟，分析了荷载速度对动载响应的影响。国内对于道面动态响应也开展了大量研究，黄晓明等 [90] 在 Winkler 地基板振动方程的基础上，利用傅里叶变换得到了板挠度的解析解；孙璐等 [91] 利用线性系统叠加原理和积分法得到了运动负荷下道面板的瞬态与稳态响应，以上模型均建立在 Winkler 地基假设和薄板理论条件下。许金余 [92] 通过有限元建立了飞机-道面-土基动力耦合系统，并分析了飞机激励作用下机场水泥混凝土道面的动力学响应。郑飞等 [93] 主要在弹性地基模型的基础上分析了其主要影响因素，提出了飞机荷载作用下道面的应力计算公式。翁兴中等 [94] 将半解析有限元法用于飞机滑行状态下道面板的动态力学响应计算，通过实测道面板响应与有限元计算结果进行了对比。凌道盛等 [95] 通过理论推导，采用半解析有限元法研究了移动荷载作用下非均匀土基机场跑道结构响应。

综上所述，无论道面静态结构响应还是动态结构响应，均由解析方法向数值分析方法过渡，特别是当考虑的道面结构越复杂，如层间接触、接缝传荷、多轮复杂起落架作用荷载等非线性条件下，有限元法已成为道面结构响应计算的主要手段。

除了理论推导和仿真计算，学者也通过现场实测研究飞机运行状态下道面动力学响应。波音公司联合 FAA 在美国新泽西建立了国家机场道面试验设施 (NAPTF)，用来模拟真实飞机荷载作用下的结构响应，此后的加速加载设备都是参照该设备制造的 [96]。NAPTF 在道面中不仅埋设了用于测定道面温度湿度的静态传感器，还埋设了测量道面应变、弯沉的动态传感器。2000~2007 年，大量的道面响应试验用此设备开展。以这些测试为支撑，Gomez-Ramirez[97] 分析了飞机缓慢滑行对道面的结构响应；Hayhoe 等 [98] 模拟了 B747 飞机的轴重和胎压，分析 B747 的道面响应规律；Kasthurirangan [99] 开展了 ILLI-PAVE 二维有限元道面响应计算模拟，并与实测值进行了对比，验证模型的有效性。除此之外，FAA 曾联合伊利诺伊大学在丹佛国际机场布设大量的动态和静态传感器, 研究机轮荷载作用下的道面结构受力响应规律[100]。王兴涛等[101]以丹佛国际机场跑道现场测试数据为支撑, 重点分析了飞机机轮经过的过程中不同部位应变和应变率的变化。Fang[102]也对丹佛国际机场测试数据开展了板中和板边竖向位移与应变分析。Gholam 等[103]采用丹佛国际机场实测数据验证多层弹性层状体系有限元模型, 通过仿真计算发现复杂起落架作用下的道面有限元荷载响应结果偏于保守。此外, AL-Qadi 等[104]和 Fabre 等[105]分别在法国图卢兹布拉尼亚克机场和意大利卡利亚里埃尔马斯机场建立了类似的足尺道面响应检测试验段, 研究道面的动态响应规律。国内方面, 同济大学在上海浦东国际机场第四跑道建立了国内首个机场道面状态监测系统[106,107], 监测飞机荷载、温度等作用下的响应, 填补了国内机场道面状态监测的空白。

3) 混凝土疲劳方程选取

设计飞机荷载作用于道面结构按照一定的计算方法 (解析法或有限元法) 可得到道面板的计算荷载应力, 将其代入混凝土的疲劳方程进而得到道面的允许作用次数。混凝土疲劳方程的选取也是道面损伤计算的一项重要内容。

以 USACE 现场试验数据、美国国有公路管理员协会 (American Association of State Highway Officials, AASHO) 试验路段数据和波特兰水泥协会 (Portland Cement Association, PCA) 小梁试验数据为支撑, 利用 USACE 法、FAA 法、PCA 法及 NCHRP1-26 项目均建立了不同的疲劳方程[108]。国外设计方法疲劳方程汇总见图 1.4, 其中 USACE 法、FAA 法和 NCHRP1-26 项目所采用的疲劳方程均以 50% 的板断裂为标准, PCA 法以小梁疲劳断裂为标准。

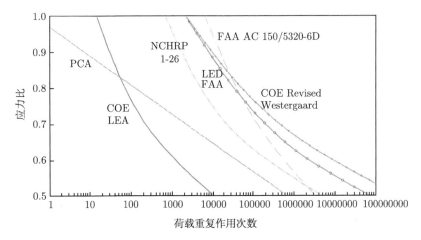

图 1.4 国外设计方法疲劳方程对比

COE LEA 和 COE Revised Westergaard 均为 USACE 的疲劳方程

我国路用水泥混凝土疲劳方程主要基于室内小梁试验数据 (顾强康[109]的

研究表明采用小梁疲劳方程设计比板疲劳方程设计更为保守)，主要有三个代表性的成果 [110]，一是浙江省交通规划设计研究院提出的未考虑高低应力比的单对数疲劳方程，二是同济大学石小平等在考虑高低应力比和失效概率基础上提出的疲劳方程，三是西安公路交通大学 (现长安大学) 研究重载交通时提出的高应力比 (0.85~1.0) 下双对数疲劳方程，分别式 (1.5)、式 (1.6) 和式 (1.7) 所示：

$$S = 0.961 - 0.0631 \lg N \tag{1.5}$$

$$\lg S = \lg a - 0.0422(1 - R) \lg N \tag{1.6}$$

$$\lg S = \lg 1.020 - 0.0388(1 - R) \lg N \tag{1.7}$$

式中，S 为应力，$S = \delta_{\max}/\delta_{\mathrm{r}}$，$\delta_{\max}$ 为施加的最大应力，δ_{r} 为抗折强度；R 为高低应力比，$R = \delta_{\min}/\delta_{\max}$，$\delta_{\min}$ 为施加的最小应力；N 为疲劳寿命；a 为推荐系数。

　　综上所述，路用混凝土疲劳方程国内外的研究已相当成熟，唯一存在争议的是是否考虑温度疲劳作用。上述疲劳方程中，除了 NCHRP1-26 项目考虑了温度应力的疲劳外，其他方法均仅考虑了荷载的疲劳作用。有关温度疲劳作用是否考虑，不同学者有不同的见解。Huang[111] 认为温度周期性变化的频率与荷载相比完全可以忽略不计，而谈至明等 [112,113] 将温度疲劳应力区分为日疲劳温度应力和年疲劳温度应力，通过现场实测和理论推导温度应力的疲劳损伤作用，相关研究成果已被我国公路水泥混凝土路面设计规范所采用。日温度应力如图 1.5 所示。

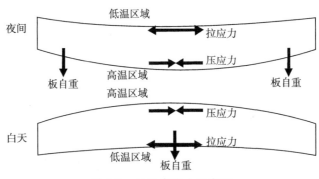

图 1.5　日温度应力示意图

　　由于我国军用机场水泥混凝土道面较民用机场道面薄，四级机场的道面厚度才大于 350mm，常用二级和三级机场的推荐厚度分别为 200~300mm、250~340mm，其厚度与二级以上高速公路路面厚度相近，且与民航多机型保障的模式不同，军用机场大部分还是单一机型保障模式，因此军用机场水泥混凝土道面设计采用了与公路路面"标准轴载"概念相近的"设计飞机"极限应力设计法，考虑了荷载和温度的综合疲劳作用，而 FAA 与民航的累积损伤设计方法，并未考虑温度疲劳损伤的影响。实际上，极限应力设计法和累积损伤曲线设计法的区别在于是否进行设计飞机交通量换算，但是两种设计方法统一于疲劳方程中，即极限应力设计法使用疲劳方程计算容许应力，而累积损伤曲线设计法使用疲劳方程计算道面允许作用次数，两者有一定的转换关系。本书借鉴《军用机场水泥混凝土道面设计规范》GJB 1278A—2009 中的疲劳方程，将荷载与温度综合疲劳作用引入道面允许作用次数计算，并考虑了荷载的纵向变化规律，使道面允许作用次数计算更加符合机场实际。

1.3 水泥混凝土道面设计理论与方法发展趋势

人类对自然事物的认识是从简单到复杂、从低级到高级不断深化的过程。机场道面从最初的基于设计飞机的设计，逐步被基于累积损伤曲线的道面设计所替代，道面设计从针对一维空间一个点的厚度设计发展到了二维空间一个横断面任意一点的厚度设计。道面结构响应分析从解析法向有限元法发展，有限元模型从二维空间分析向三维空间分析发展；道面交通量分析从按均匀分布的一个点的交通量分析发展到了按正态分布的横断面交通量分析，朝着交通量分布曲面的方向发展；道面累积损伤的计算从计算一个点的损伤，到美国联邦航空管理局道面设计方法对横断面累积损伤曲线的计算，朝着计算道面各点的累积损伤方向发展，这些变化必然带动机场道面设计从点到线再到面，机场道面设计方法仍有许多问题值得进一步探索与研究。

1.3.1 值得深入探索的问题

(1) 现行军用机场水泥混凝土道面设计方法仍采用设计飞机进行交通量换算，其方法本身有一定的局限性，经验换算公式也有一定的误差，有必要采用累积损伤因子替代设计飞机的作用，探索建立符合我国的基于累积损伤曲线的道面设计方法，缩小我国与国外在道面设计理论方面的差距。

(2) 国内现行道面设计方法仍按交通量在通行宽度内均匀分布来计算荷载重复作用次数，实际上交通量在通行宽度内服从正态分布。国内外道面设计方法通常假定交通量分布标准差为恒定值，未考虑飞机滑行速度对交通量横向分布的影响。道面厚度设计主要是由起飞位置的交通量决定，道面设计方法对起飞与着陆的轮迹横向分布未作区分，实际上飞机起飞时交通量横向分布的标准差比着陆时小。

(3) 现有研究中的道面交通量分析都是建立在交通量横向分布的基础上，

但事实上，交通量横向分布只是交通量分布的一个方面，跑道纵向交通量在各点是有差别的，存在交通量纵向分布。更准确地说，道面交通量存在平面分布。

(4) 各国现行道面设计理论忽视纵向累积损伤分布，导致不同设计方法在着陆运行次数的计算上存在分歧。美国联邦航空管理局法中忽略着陆交通量，而我国道面设计方法中每着陆一次按 0.75 次起飞计算。实际上两种方法都有一定的片面性。

(5) 由于交通量的平面分布，累积损伤必然呈平面分布，未来的道面设计方法应可以计算道面任意一点的累积损伤，提供的应是道面任意一点的道面厚度，累积损伤平面分布及基于累积损伤平面分布的道面设计方法还需要进一步研究。

1.3.2　本书的主要研究工作

立足国内外研究结果，针对设计规范中有待改进的问题，着眼未来道面设计的发展方向，综合利用测试、仿真、试验及理论分析等技术手段，建立基于累积损伤平面分布的机场水泥混凝土道面设计原理，本书的主要研究内容如下。

(1) 机场交通量平面分布测试与模型研究。研发机场交通量分布测试系统，并提出相应的测试方法，对军用机场不同机型轮迹的平面分布进行测试。统计分析飞机轮迹横向分布规律，并提出纵向通行因子的概念，研究交通量的纵向变化规律，建立机场交通量的平面分布模型。分析跑道长度、两端起降概率、轮迹分布标准差等因素对交通量平面分布的影响。

(2) 整机滑跑动力学模型仿真。基于变采样频率的滤波白噪声法重构道面不平度，在此基础上，建立六自由度整机滑跑动力学模型，给出关于道面不平度与滑跑速度的机轮动载系数计算公式。

(3) 机场道面有限元计算与现场试验验证。采用 ABAQUS 有限元分析软件，建立移动荷载作用下考虑接缝传荷的弹性地基模型，通过 ABAQUS 与 MAT-LAB 的联合仿真，实现道面各点应力状态的快速计算。开展现场足尺道面试验，验证模型用于道面各点损伤计算的合理性。

(4) 道面各点的累积损伤计算。结合机场交通量平面分布模型、道面有限元分析结果和机轮荷载的纵向分布计算公式，提出道面各点的累积损伤因子计算方法，分别计算既定道面结构起飞、着陆等不同飞机运动状态下道面累积损伤的平面分布，并按照 Miner 准则叠加得到总的累积损伤曲面。

(5) 基于累积损伤平面分布的机场道面设计。在极限应力设计法和累积损伤曲线设计法的基础上，提出基于累积损伤平面分布的机场道面设计原理。

基于累积损伤平面分布的道面设计需要计算道面各点的累积损伤因子，根据累积损伤因子的定义，涉及道面各点的实际通行覆盖次数与允许作用次数。

因此，本书以这两个方面的计算为两条主线，采用自研机场交通量平面分布测试系统，对轮迹横向和纵向分布规律开展实测与统计，建立机场交通量平面分布模型；通过整机滑跑动力学模型与道面有限元仿真的结合，计算不同位置道面允许作用次数；提出道面各点的累积损伤因子计算方法，分别计算各机型不同飞机运动状态下的累积损伤，并按照 Miner 准则叠加得到总的累积损伤曲面，最终提出基于累积损伤平面分布的机场道面设计原理。本书的技术路线如图 1.6 所示。

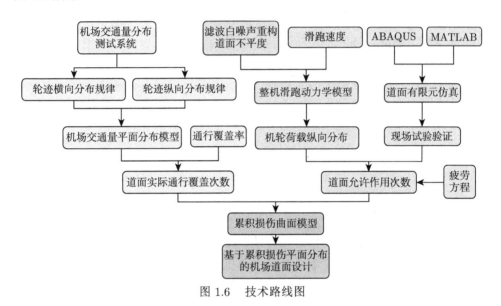

图 1.6　技术路线图

第 2 章 机场道面交通量分布模型

由于飞机起飞离地点、着陆接地点纵向分布及滑跑偏移的影响,交通量在跑道纵向上并不是不变的。规范计算方法仅测试单个截面来代表全跑道的轮迹分布,忽略了交通量的纵向分布,会导致机场道面设计偏于保守,尤其对于短距起降飞机,起降轮迹并不是布满整条跑道,交通量的纵向分布更明显。本章通过对比公路路面和机场道面的交通量特点,指出机场道面交通量平面分布研究的必要性。在确定轮迹横向分布和纵向分布测试方法的基础上,采用自行研制机场道面交通量平面分布测试系统,对两型飞机的轮迹开展实测和统计分析,建立交通量平面分布模型,对道面各点的交通量进行评估。

2.1 机场道面交通量分布模型介绍

2.1.1 现行道面交通量分布模型

通常认为的机场跑道交通量分布即是交通量的横向分布。轮迹分布测试是研究交通量横向分布的重要手段和方法,国内外很早就利用轮迹分布对交通量横向分布开展了研究。美国军方对军用飞机的轮迹分布进行了测试,随着喷气式飞机用于商业航空,民航也开展了类似的研究,提出交通量横向均匀分布假定。实际上,国内外的测试都认为交通量横向服从正态分布。1975 年,Hosang 在美国 9 个机场对单轮、双轮、双轴双轮等涵盖了大部分在用飞机在跑道、滑行道等部位的轮迹分布进行了测试,认为轮迹服从正态分布,并确定出轮迹正态分布的期望及标准差 [20]。随着新一代大型飞机投入使用,美国联邦航空管理局与空客、波音合作,在新泽西州国家道面实验室、亚特兰大国际机场等对轮迹横向分布开展了系统的测试研究。2009 年,美国在修订道面设计规范时,采用了新泽西州国家道面实验室的交通量测试结果,该版道面设计规范 (AC 150/5320-6E) 假定轮迹在跑道横断面内服从正态分布,不再使用交通量横向均匀分布假定,使得道面交通量分析更加符合实际 [1]。

轮迹横向分布曲线的形状取决于其正态分布函数的统计数据的标准差 σ,或者说取决于飞机滑行时的滑偏宽度。国外将飞机的运行中心线 (或一个轮胎的中心线) 两侧范围内轮迹通行百分率为 75% 的宽度称为滑偏宽度。国外对军用飞机和民航飞机滑行的轮迹分布进行广泛的观测和数据统计分析,滑行道和跑道 (端部为跑道两端各 304.8m 范围内) 滑偏宽度的取值如表 2.1 所示。

表 2.1　国外军用和民航机场道面的滑偏宽度

项目	军用飞机		民航飞机	
	跑道	滑行道	跑道	
			端部	中部
滑偏宽度/m	2.032	1.016	1.778	3.566
通行百分率/%	75	75	75	75

　　我国曾对轰-5 和歼-6 两种飞机在跑道上起飞和着陆滑跑时的轮迹横向分布情况进行了测量。章文纲等[114]对轰-5 飞机的 3816 次实测数据进行整理，得到如图 2.1(a) 所示的频率直方图及其拟合的正态分布曲线，得出飞机在跑道上滑跑时轮迹横向分布服从正态分布。2008 年，李乐[28]在研究机场跑道平面尺寸可靠性设计时，再次对某新型飞机的轮迹横向分布进行测试和研究，认为每个机轮的轮迹均符合正态分布，轮迹横向分布直方图可能会出现三个峰值点，分别为中线、中线两侧约半个主起落架间距位置，如图 2.1(b) 所示。2010 年，王振辉[29]在研究基于累积损伤优化模型的机场道面设计时，也对几种机型的轮迹横向分布进行测试，认为每个主轮轮迹横向分布近似符合正态分布。

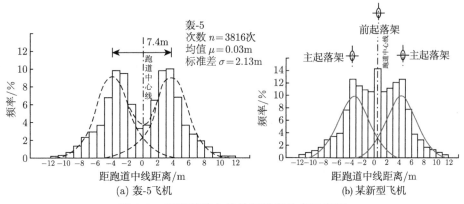

图 2.1　起飞着陆主轮轮迹横向分布示意图

　　我国军用与民航机场道面规范中的通行宽度与国外滑偏宽度的概念基本相似，我国军用与民航机场道面规范中规定的通行宽度如表 2.2 所示。由表 2.2 可以看出，我国民航机场跑道采用的通行宽度 11.4m 比国外跑道采用的滑偏宽度 3.566m 要宽得多；我国军用机场跑道采用的通行宽度也比国外跑道采用的滑偏宽度要大，但如果将通行百分率改用 75%，军用机场对跑道和滑行道采用的通行宽度与国外对跑道和滑行道采用的滑偏宽度数值基本接近。

表 2.2 我国军用和民航机场道面的通行宽度

项目	军用飞机				民航飞机	
	歼击机、强击机		轰炸机、运输机		跑道	滑行道
	跑道	滑行道	跑道	滑行道		
通行宽度/m	3.8	1.2	4.4~5.0	1.5	11.4	2.3
通行百分率/%	90	90	85	85	75	75

根据通行宽度和通行百分率,计算美国和我国飞机轮迹正态分布的标准差,结果如表 2.3 所示。

表 2.3 美国和我国飞机轮迹分布标准差

美国	军用飞机		民航飞机	
	跑道	滑行道	跑道	
			端部	中部
标准差 σ/m	0.883	0.441	0.772	1.543

我国	军用飞机				民航飞机	
	歼击机、强击机		轰炸机、运输机		跑道	滑行道
	跑道	滑行道	跑道	滑行道		
标准差 σ/m	1.152	0.364	1.528~1.736	0.521	4.954	0.999

从表 2.3 可以看出,按我国飞机轮迹正态分布数据统计计算得到的标准差比美国的大,轮迹横向分布的分散性较大。这说明国内与国外的情况并不相同,不能完全照搬国外对轮迹横向分布的测试结果及设计软件来进行道面设计,必须进行有针对性的测试。

表 2.4 中的标准差 σ 是我国 20 世纪对轰炸机起飞、着陆 3816 次和歼击机起飞、着陆 2712 次在跑道上滑跑时轮迹横向分布实测统计分析得到的。均值 μ 为轮道偏离跑道中线距离的均值。

表 2.4 跑道上飞机轮迹正态分布的统计参数

机种	数据个数	均值 μ/m	标准差 σ/m
轰炸机	3816	0.03	2.13
歼击机	2712	0.02	2.83

可以看出,表 2.3 中我国军用飞机的标准差比表 2.4 中的标准差小,说明设计规范采用的数据比实测统计分析得到的标准差小,设计规范相对保守。近年,我国装备了大量的先进飞机,其起降性能相比以往的飞机有很大提高,交通量横向分布的分散性可能更大。因此,有必要开展系统而深入的测试。

2.1.2 现行交通量分布模型不足之处

长期以来,道面交通量分布模型被简单地类比为公路交通量分布模型,事实上，公路与机场跑道在交通量分布上存在明显区别：其一是抛开车辆短距离的加速运动，其在车道横断上的速度可以认为是稳定的，也就是其交通量横向分布的标准差是恒定的；其二，车辆在行进过程中，由于其载重稳定，可以认为其对路面作用的荷载是恒定的；其三，公路交通量虽然在车道横断面各点不同，但在车辆前进的纵向，车辆会通过纵向任意断面，可以认为其交通量在纵向是恒定的；其四，当前公路交通量采用轮迹横向分布系数来计算各点的轴载作用次数，等于假定了轮迹在车道横断面是均匀分布的，其交通量分析实质上为最危险点的交通量分析，是建立在一维空间基础上的点的交通量分析。

机场道面交通量在跑道横断面上类似于公路，但两者在以下几个方面存在较大的不同：其一是其交通量横向分布的标准差是变化的，由于飞机起降加速或减速的距离长，加速起飞时其在跑道上的交通量横向分布标准差是随滑跑速度增大而增大的，着陆后减速滑行时其在跑道上的交通量分布标准差是随速度减小而减小的；其二是飞机的起飞荷载往往大于着陆荷载，两者的交通量横向分布不能混为一谈；其三是起飞与着陆滑跑过程中，其荷载是变化的，由于升力的影响，起飞时其对道面的荷载逐步减小至 0，着陆时其对道面的荷载是逐步增大的；其四是其交通量在跑道纵向也是不均匀分布的，由于飞机起飞起始位置、起飞滑跑距离不同，着陆接地点位置不同，着陆滑跑距离相差较大，以及飞机着陆后脱离跑道位置不同，机轮荷载在跑道纵向各点的作用次数也有差别，即交通量存在纵向分布；其五是在机场的某些部位也存在类似于公路交通量分布特点的交通量分布，在滑行道、联络道、拖机道及停机坪等部位，即交通量横向分布标准差不变，渠化交通量严重，纵向交通量通过每个断面，其交通量分布与公路交通量分布是类似的；其六是当前道面设计规范假定轮迹在通行宽度内服从均匀分布，其交通量分析实质上也是最危险点的交通量分析，同样是建立在一维空间点的交通量分析的基础上。

可见，机场与公路在交通量分布上虽然存在相同之处，但更为重要的是两者之间的巨大差异。机场不同部位的交通量分布特点不同，多种类型的交通量分布同时存在：既有与公路类似的横向交通量分布，如联络道、滑行道等部位的交通量分布，又有与公路相差较大的交通量分布，如机场跑道的交通量分布，其复杂程度是公路交通量分布所不能比拟的。因此，机场交通量分布远比公路交通量分布复杂，最为显著的不同是交通量的横向分布只是机场交通量分布的一个方面，机场交通量还存在公路交通量所没有的交通量纵向分布。更准确地说，机场交通量在整个道面存在平面分布，交通量横向分布只是交通量分布的边缘分布，公路交通量分布只是机场交通量分布在特殊部位的一个特例。目前，相关的研究主要在交通量横向分布上，对交通量纵向分布和平面分布的研究才刚刚起步。

2.2 机场道面交通量分布测试

2.2.1 测试方法与原理

1. 轮迹横向分布规律测试方法的确定

在公路工程和机场工程领域，应用于轮迹横向分布规律测试的方法主要有红外测距法、激光测距法、视频测距法、卫星定位法和预埋传感器测试法等。各方法的基本原理与优缺点汇总如表 2.5 所示。

表 2.5　飞机轮迹横向分布测试方法基本原理与优缺点

方法	项目	内容
红外测距法[115]	基本原理	机轮切割发射装置发出的红外线，导致红外线发生反射，反射回来的红外线被接收装置接收，根据发射到接收时间差及红外线在既定环境中的传播速度来计算测试距离
	优点	红外传播具有远程折射率小的优点，长距离的远程测试可以采用红外测距法，安全、成本低、体积小、方便运输与安装
	缺点	抗干扰能力差，尤其是机场测试环境复杂多变，飞机尾焰等红外信号会对反射信号造成干扰，精度较低
激光测距法[116]	基本原理	采用激光发射装置发射激光束，机轮经过时激光发生反射，并由接收装置接收回波信号，通过波速与时间差的乘积计算机轮与测距仪的距离，进而反算轮迹横向偏移
	优点	调节简单，成本适中，性能稳定，发射的激光束抗电磁环境的干扰性强，发散角小，适合远距离测距，精度较高
	缺点	容易受到烟雾、水滴、灰尘、风沙等外界环境的影响
视频测距法[117]	基本原理	通过在跑道一侧布置高速摄像机，靠近跑道位置布置参照物 (如彩旗等)，高速摄像机捕捉飞机轮迹位置，通过图像数据处理统计轮迹分布规律
	优点	安装方便，维护简单，测试结果直观
	缺点	对摄像头的要求高，费用较高，测试精度受气象、视角和摄像机晃动的影响大，数据处理任务重
卫星定位法[118,119]	基本原理	以卫星与飞机自带的接收机之间的距离为基准，根据卫星的瞬时坐标来确定飞机的三维坐标，再通过坐标转换确定测量距离
	优点	测试方便，不额外安装设备
	缺点	存在卫星导航仪误差，电流层折射、多径效应等大气传播误差，对飞机接地、离地点的位置判定精度较低；高精度数据获取困难，存在保密问题
预埋传感器测试法[120]	基本原理	在道面结构内部预先安装压电传感器或光纤传感器，飞机通过时机轮荷载对道面结构产生响应导致传感器的电信号或者光信号发生变化，并通过采集仪采集信号
	优点	由于传感器内置于道面结构中，外界环境对测试结果的影响较小，采集频率可以满足高速移动的飞机荷载的要求
	缺点	传感器有效性和存活率与其成本呈正相关；测试整条跑道的轮迹分布需采用分布式布设方法，传感器数量多，费用较高；布设传感器需要结合前期道面施工同步进行，传感器一旦失效，该区域测试中止，修复困难

由上述分析可知，红外测距法作为首先用于飞机轮迹测试的方法，受环境的干扰严重，相比于其他方法精度明显较低。视频测距法，平地区一侧需要安装高频高帧摄像头，成本较高，且大量图像数据的存储处理困难。卫星定位法虽然不需要额外安装设备，但高精度的飞行数据获取困难。预埋传感器测试法更适合于新建机场，传感器的布设不仅可以获取轮迹，还可以测定机轮荷载作用下的道面响应，未来"智慧机场"实时监测道面结构状态可以采用这种测试方法，但代价昂贵，需要大量的经费支撑。激光测距法，测试成本适中，精度较高，虽然也容易受到烟雾、水滴、灰尘、风沙等外界环境的影响，但可通过设备外壳防护和测试阈值限定加以克服[121]，不可见激光束也不会对飞行的安全性构成威胁。最终确定采用激光测距法对跑道的轮迹横向分布规律开展测试。

2. 轮迹纵向分布规律测试方法的确定

2.1 节中已对公路路面和机场道面的交通量特点进行了详细比较分析，公路工程中仅关注汽车轮迹的横向分布，而机场道面需要考虑交通量的纵向分布，尤其是对于短距起降的军用飞机，某些机型的起飞距离仅几百米，飞机运行并不覆盖整条跑道。

为了确定飞机轮迹的纵向分布规律，首先需要明确测量指标。飞机的起飞过程可以分为起飞准备和起飞滑跑两个阶段。起飞准备阶段为试车结束后的飞机从端联络道进入跑道，并低速滑行至起飞起点位置。起飞点通常距跑道端线50~100m，纵向分布可以忽略；起飞滑跑阶段为飞机由起飞点加速滑跑至机轮离地的过程。该过程由于不同飞机滑跑距离不同，起飞离地点存在纵向分布。因此，将起飞离地点作为纵向分布的一个测试指标。此外，根据飞机同时起飞架次的不同，还应区分单机起飞和双机起飞(包括近平地区飞机和远平地区飞机)。飞机的着陆过程可以分为着陆接地减速和着陆匀速滑跑两个阶段。第一阶段由于飞机着陆接地点的位置不同，交通量存在纵向分布；第二阶段，飞机匀速滑跑驶离跑道的位置，基本处于跑道另一端中间联络道或端联络道处，纵向分布基本不变。因此，将着陆接地点作为纵向分布的另一个测试指标。

针对上述测试指标，有两种测试飞机轮迹纵向位置的方法可以提供参考。

1) 视频分析法

视频分析法的测试原理为事先在跑道一侧设置一定数量、间距固定的参照物(如彩旗等)，并架设高速摄像机，确保摄像机可以采集飞机和参照物的相对位置信息[122]。开始测试时，摄像机录制起飞、着陆视频，通过截取起降瞬间的图像，利用飞机与参照物的相对位置，计算起飞离地点、着陆接地点的位置，具体原理如图 2.2 所示。

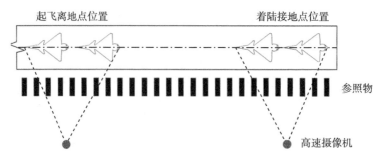

图 2.2   视频分析法测试原理

2) 轮印测距法

轮印测距法的原理为测试前在跑道起飞离地和着陆接地区域用粉笔绘制等间距的线条，飞机起飞离地前和着陆接地后会在线条上留下轮印 (迹)[123]。飞行结束后，测试人员通过测定线条在跑道纵向上的变化来确定起飞离地点 (线条颜色由淡变浓) 和着陆接地点 (线条颜色由浓变淡) 的位置，具体原理如图 2.3 所示。

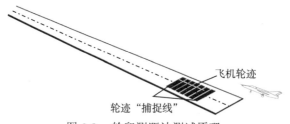

图 2.3   轮印测距法测试原理

视频分析法对测试设备性能的要求较高，要覆盖起飞离地和着陆接地区域可能需要多台高频摄像机，成本高；存在离地、接地瞬时视频截图的精度受主观因素影响大，图像分析等后处理工作繁琐等问题。轮印测距法在飞行结束后，需要大量的人力进行测试，费时费力；当起飞着陆架次较多时，轮迹之间无法避免地会相互干扰，从而影响测试精度；此外，在跑道上用粉笔画线条，一定程度上改变了跑道的外观，难免影响飞行员对跑道标志等的观察，存在飞行安全隐患。

综合上述分析可知，无论视频分析法还是轮印测距法均存在很多技术困难，且跑道纵向分布的测试结果精度并不高。为此，提出了第三种轮迹纵向分布测试的方法——通行次数法。

3) 通行次数法

前面已确定轮迹横向分布规律的测试方法为激光测距法，每一台测距仪均能测定飞机通过时的轮迹横向偏移情况。但是对于跑道端部的测距仪，着陆接地点后的测距仪有事件触发，而接地点之前的测距仪无事件触发。同理，对于一次起飞事件，起飞离地点之前的测距仪有事件触发，而离地点之后的测距仪无事件触发。可以通过事先观察飞机着陆和起飞点位，在布置激光测距仪时，对跑道端部着陆接地点附近和跑道起飞离地点附近进行加密布置。保证测试范围覆盖起飞着陆全过程。综合考虑项目经费，合理确定测试系统包含的测距仪数量。

以跑道端为原点 O，跑道中线为 Y 轴，建立坐标系。为了反映飞机着陆、单机起飞和双机起飞三种状态通过各测试截面架次，定义纵向通行因子 $f_Y(y)$，由式 (2.1) 计算：

$$f_Y(y) = \frac{N_y}{N} \tag{2.1}$$

式中，N_y 为飞机通过坐标 y 处横断面的通行次数；N 为飞机总的通行次数。

通过对各截面通行架次的统计，计算各截面的纵向通行因子，在跑道纵向上对通行因子进行拟合处理，得到交通量的纵向变化规律，再联合轮迹的横向分布，便可以计算道面各点的交通量。

2.2.2　测试系统的设备选型与研制

1. 测试系统硬件设计

测试系统的硬件由激光测距设备、可见激光校准装置、数据存储单元、供电单元和支架五部分组成，如图 2.4 所示。

激光测距设备选用 FSA-ITS03 型激光测距传感器，如图 2.5 所示。该设备采用脉冲式激光测距方式，为了满足野外环境远距离捕捉高速移动飞机轮迹的要求，测试设备的具体参数如表 2.6 所示。

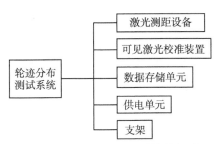

图 2.4　轮迹分布测试系统的组成

图 2.5　FSA-ITS03 型激光测距传感器

激光测距传感器内置数据处理单元，通过集成电路板实现数据筛选和事件触发功能。一方面，可以设置测试范围，如跑道为 60m 宽，设备距离跑道边

表 2.6　激光测距传感器性能参数

项目	取值
最大量程 (高反/自然表面)/m	800/200
精度/ cm	±5
激光安全等级	I 类激光人眼安全要求
最大测试频率/ Hz	2000
波长/ nm	905
外壳防护等级	IP66
可用环境温度范围/°C	−40 ∼ 70

50m，通过设定测量范围为 50∼110m 的测试结果才能筛选存储，可以避免跑道范围外杂草等对激光测距结果的影响；另一方面，还要设置触发事件的连续测点数目阈值，对于移动速度 80m/s 以上的物体，连续 10 次采集才判定为一个事件发生，结合测试系统的采集频率，则物体的长度需大于 0.4m 才能触发事件。通过连续测点数目阈值限定，可以有效剔除跑道范围内飞鸟、杂物等触发事件的影响，取事件连续测试结果的平均值作为轮迹横向偏移数据进行储存。

　　校准装置为大功率可见激光指示器，如图 2.6 所示。测量前发射可见激光，来校准激光测距传感器与跑道中线垂直。为了满足激光测距传感器高频采集记录要求，数据存储单元采用图 2.7 所示的 LCA 3213 工业级串口数据记录仪，数据传输速率可达 921600bit/s，通电后将触发数据存储于 SD 卡中。

图 2.6　大功率可见激光指示器

图 2.7　LCA3213 工业级串口数据记录仪

　　供电单元为 12V/60A 锂电池，可供激光测距系统连续工作 48h 以上。设备支架为铝合金支架，一方面保证了支撑强度，另一方面可以减轻设备重量，方便设备运输和安装。支架与设备的连接部位可以调整传感器高度，范围为 75∼100cm，传感器俯仰角也可以调节，范围为 −45° ∼ 45°。测试装置安装现场如图 2.8 所示。

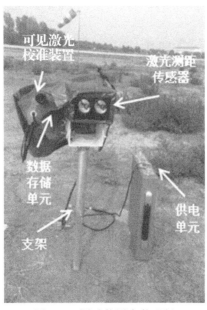

图 2.8　测试装置安装现场

纵向上布设测试单元越多，获得轮迹的纵向分布规律越明确。综合考虑设备单价和项目经费支持，最终确定机场道面交通量分布测试系统共包含 17 台测距单元。

2. 测试系统软件开发

测试软件的开发要保证测试系统完成以下几种功能。

(1) 测试参数设置，包括设置机器编号、测量范围、测试机型参数等。

(2) 数据实时监控，主要是将测试数据实时显示到采集页面，便于验证测试数据的有效性。

(3) 触发数据监控，主要是在实时采集数据的基础上，根据连续测试的数据量阈值限定，判定事件是否触发，并将触发事件计算均值存储到内存卡中。

(4) 时间同步功能，主要对 17 台测距单元进行时间同步，以便与飞机运行状态时刻表相对应，区分着陆、单机起飞和双机起飞数据。软件操作界面、参数设置界面和数据监控界面如图 2.9 所示。

3. 测试系统的可靠性检验

交付样机后，委托第三方对设备的防尘、防水、电磁辐射、环境温度等进行检测，检测报告如图 2.10 所示。检测结果显示，设备的防尘、防水等级高达 IP66 (完全防止粉尘、水分进入)，可以保证高电磁辐射下连续的工作可靠性，在

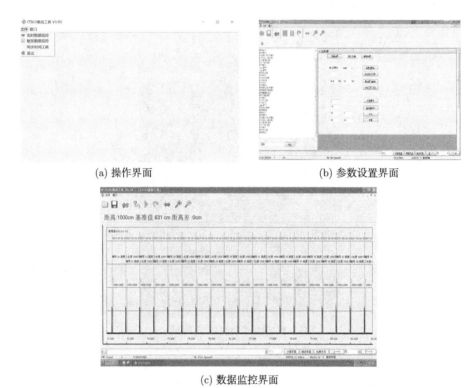

(a) 操作界面 (b) 参数设置界面

(c) 数据监控界面

图 2.9 测试系统软件界面

环境温度 −40 ∼ 70℃ 可以正常地开展测试，测试系统的防护等级满足机场复杂条件下轮迹测试要求。

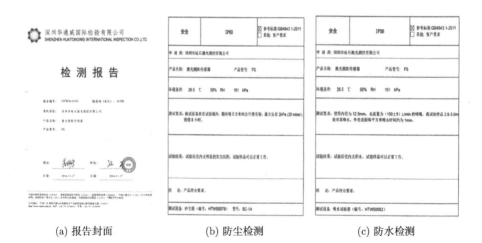

(a) 报告封面 (b) 防尘检测 (c) 防水检测

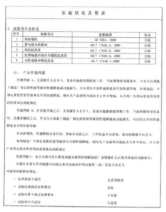
(d) 电磁辐射检测

(e) 环境温度检测

图 2.10　第三方检测报告

2.2.3　测试方案

1. 测试机场概况

选择两个飞行任务量相对较重、交通量纵向分布较为明显的机场开展测试。机场一的跑道尺寸为 2800m×60m，保障机型为机型 A；机场二的跑道尺寸为 2600m×60m，保障机型为机型 B。测试期间共对 1308 架次机型 A 和 1026 架次机型 B 的轮迹分布数据进行记录。

2. 测点布置

(1) 机场一。测试时间段内测试地点偏南风较多，故跑道北端为主起降方向，设备按照如下原则布置在跑道北端：将激光测距装置布设在跑道一侧的平地区内，仪器到跑道中线的距离满足飞行安全要求。现场布置过程中为了避开驱鸟车通道和不便安装区域，设备到跑道中线的距离从 54.9m 到 66.6m 不等，各测试设备布设距离如表 2.7 所示。跑道纵向布设距离按照覆盖一半跑道、跑道端部着陆接地点和跑道起飞离地点附近加密布设以及滑行区域适当稀疏布设的原则。根据测试机型的平均滑跑距离和着陆点位置，将 1285m 的测试区域分成三个部分。①着陆接地区域：起始位置距离跑道端部 191m，共布设 6 台仪器，覆盖飞机着陆接地较为集中的区域；②中间滑跑区域：共布设 5 台仪器，为飞机着陆高速滑行区域；③起飞离地区域：共布设 6 台仪器，覆盖测试飞机起飞离地位置。机场一具体设备布置如图 2.11 所示。

(2) 机场二。测试时间段内测试地点偏北风较多，故跑道南端为主起降方向，设备按照如下原则布置在跑道南端：该机场平地区内，紧贴跑道处存在旧道面结构，不便设备安装，设备距跑道中线的距离较大，从 72.2m 到 93.3m 不

表 2.7   机场一测试设备布设距离

编号	距跑道中线距离/m	距跑道端距离/m	编号	距跑道中线距离/m	距跑道端距离/m
1	58.1	191	10	62.2	814
2	58.9	239	11	61.6	881
3	61.7	277	12	60.9	972
4	66.6	368	13	58.7	1036
5	64.2	430	14	57.6	1101
6	58.5	483	15	54.9	1165
7	64.0	562	16	57.9	1222
8	58.2	652	17	58.3	1285
9	63.2	740			

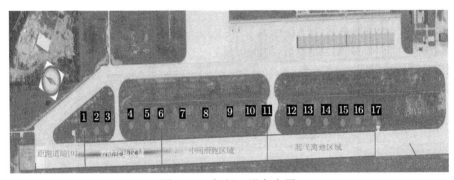

图 2.11   机场一设备布置

等，各测试设备布设距离如表 2.8 所示。机型 B 的起飞滑跑距离小于机型 A，根据机型 B 的平均滑跑距离和着陆点位置，将 1114m 的测试区域分成两个部分：①着陆接地区域：起始位置距离跑道端部 183m，共布设 7 仪器，覆盖飞机着陆接地较为集中的区域；②中间滑跑与起飞离地区域：共布设 10 台仪器。机场二具体设备布置如图 2.12 所示。

表 2.8   机场二测试设备布设距离

编号	距跑道中线距离/m	距跑道端距离/m	编号	距跑道中线距离/m	距跑道端距离/m
1	72.2	183	10	87.8	691
2	73.5	232	11	88.8	752
3	78.2	284	12	88.5	816
4	78.6	335	13	89.0	874
5	82.7	396	14	90.9	935
6	82.9	452	15	91.3	993
7	83.1	513	16	92.2	1055
8	87.8	571	17	93.3	1114
9	73.2	634			

图 2.12　机场二设备布置

3. 测试步骤

(1) 重锤敲击支架，使其楔入平地区的土基中，安装固定激光测距传感器，保证传感器坡度为 0°，见图 2.13(a)。

(2) 测试前自制设备调试板，尺寸为 45cm×30cm，大约为机轮半径的高度。测试人员手持调试板立于跑道中线附近，如图 2.13(b) 所示，调试板板面平行于跑道中线。打开校准激光笔，调节设备高度，使可见激光投影在调试板的点位于高出跑道中线道面 (25±5)mm 处，如图 2.13(c) 所示。

(a) 安装固定激光测距传感器　　　(b) 自制设备调试板　　　(c) 调节激光测距传感器高度

(d) 调节激光测距传感器与道面中线垂直　　　(e) 通电测试

图 2.13　现场测试步骤

(3) 设备通电后，调节传感器左右角度，激光投影在调试板左右移动，当传感器读数最小时，设备与道面中线垂直，如图 2.13(d) 所示。

(4) 断电安装内存卡，重新通电开始测试，见图 2.13(e)。

2.3 机场道面交通量分布规律

虽然两个机场道面交通量测试设备分别布置于北端和南端，但这里假设两端交通量的分布规律相同，仅起降概率不同。以跑道中线为 y 轴，跑道一端为 x 轴，坐标原点 o 为跑道中线与跑道一端端线的交点，建立如图 2.14 所示的机场道面交通量分布坐标系。

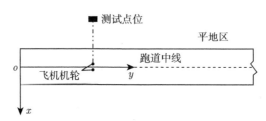

图 2.14   机场道面交通量分布坐标系

测试的原始数据如图 2.15(a) 所示，设备已按照事件触发顺序对测试结果进行存储，但仍有部分无效数据，将明显无效数据剔除。对应飞行计划表，按照起降顺序对数据进行编号，如图 2.15(b) 所示，便于统计。编号时，将测试结果区分为着陆、单机起飞和双机起飞三种模式。

(a) 原始数据	(b) 处理后数据
2018-7-4 12:07:54 编号:6 时间戳:369368044 距离:6875	2018-7-4 12:07:54 编号:6 时间戳:369368044 距离:6875 北南 双机 右 1
2018-7-4 12:07:54 编号:6 时间戳:369369070 距离:6768	2018-7-4 12:07:54 编号:6 时间戳:369369070 距离:6768
2018-7-4 12:08:20 编号:6 时间戳:369630422 距离:5235	2018-7-4 12:08:20 编号:6 时间戳:369630422 距离:5235 北南 双机 左 2
2018-7-4 12:08:21 编号:6 时间戳:369631430 距离:5150	2018-7-4 12:08:21 编号:6 时间戳:369631430 距离:5150
2018-7-4 12:09:31 编号:6 时间戳:370334903 距离:4706	2018-7-4 12:09:31 编号:6 时间戳:370334903 距离:4706 北南 双机 左 3
2018-7-4 12:09:31 编号:6 时间戳:370335829 距离:4646	2018-7-4 12:09:31 编号:6 时间戳:370335829 距离:4646
2018-7-4 12:09:41 编号:6 时间戳:370438598 距离:6543	2018-7-4 12:09:41 编号:6 时间戳:370438598 距离:6543 北南 双机 右 4
2018-7-4 12:09:41 编号:6 时间戳:370439634 距离:6437	2018-7-4 12:09:41 编号:6 时间戳:370439634 距离:6437
2018-7-4 12:09:41 编号:6 时间戳:370440056 距离:3184 ➡无效数据	
2018-7-4 12:16:10 编号:6 时间戳:378525969 距离:5528	2018-7-4 12:16:10 编号:6 时间戳:378525969 距离:5528 北南 单机 5
2018-7-4 12:16:11 编号:6 时间戳:378526875 距离:5445	2018-7-4 12:16:11 编号:6 时间戳:378526875 距离:5445
2018-7-4 12:16:56 编号:6 时间戳:378986298 距离:6181	2018-7-4 12:16:56 编号:6 时间戳:378986298 距离:6181 北南 单机 6
2018-7-4 12:16:57 编号:6 时间戳:378987134 距离:6078	2018-7-4 12:16:57 编号:6 时间戳:378987134 距离:6078

图 2.15   测试数据的分组与处理

着陆模式：一架飞机接地并开始减速滑跑，其他飞机在空中盘旋等待，当前机脱离跑道后，后机再准备接地，如图 2.16 所示。

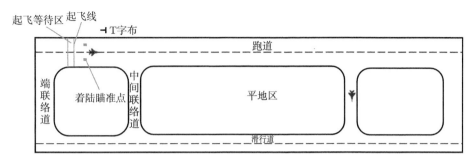

图 2.16　着陆模式示意图

单机起飞模式：待起飞单架飞机进入跑道，在起飞线中线附近等待起飞，起飞命令下达后，开始以跑道中线为基准加速滑跑，如图 2.17 所示。

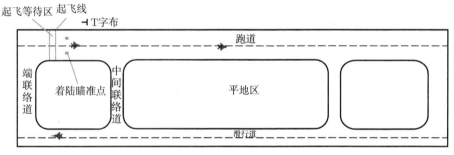

图 2.17　单机起飞模式示意图

双机起飞模式：两架飞机同时进入跑道，在起飞线附近跑道中线两侧并排或一前一后错开排列等待起飞。起飞命令下达后，其中一架飞机首先开始加速滑跑，待该飞机滑跑出一段距离之后，另一架飞机开始加速滑跑，如图 2.18 所示。也有在起飞线附近位于跑道中线两侧前后错开等待，起飞命令下达后同时开始加速滑跑。

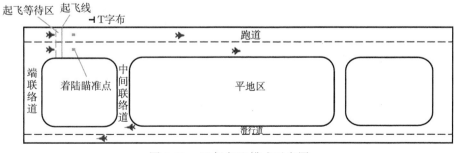

图 2.18　双机起飞模式示意图

分析数据可知，每架次飞机经过，仪器均保留两个结果，较大值为前起落架机轮外侧横向偏移数据，另一个为靠近测试设备的主起落架机轮外侧横向偏移数据。数据处理完成后，对交通量的横向分布规律和纵向变化规律进行统计分析。所谓交通量的横向分布规律是指各截面交通量数据的具体分布类型，若假设服从正态分布要开展正态性检验；所谓交通量的纵向变化规律，一方面是指各截面分布参数沿跑道纵向的变化规律，另一方面是指各截面交通量通行比例沿跑道纵向的变化规律。

2.3.1 各截面交通量横向分布规律

现行《军用机场水泥混凝土道面设计规范》GJB 1278A—2009[3] 以及李乐[28]、王振辉[29] 等的轮迹横向分布测试结果均表明军用飞机的轮迹横向服从正态分布，这里首先需要对测试数据的正态性进行检验。常用的正态分布检验方法主要有 K-S 检验和 W 检验。K-S 检验通过样本实际分布函数 $F_n(x)$ 与待检验正态分布函数 $F(x)$ 求得最大差值 D_{max}，并根据样本个数 n 与显著性水平 α 确定临界差值 D_α，若 $D_{max} < D_\alpha$，样本服从正态分布，若 $D_{max} \geqslant D_\alpha$，样本不服从正态分布。该方法适合大样本的正态性检验，样本较小时误差较大[124]。W 检验具体流程为：首先将数据按照数值大小进行排列，即 $X_1 \leqslant X_2 \leqslant \cdots \leqslant X_n$；然后根据式 (2.2) 计算检验统计量 W 值；在给定的显著性水平 α，确定判断界限值 W_α，若 $W > W_\alpha$，接受正态性假设，反之，样本不服从正态分布。

$$W = \frac{\sum_{i=1}^{j} a_i x_i}{\sum_{i=1}^{j} (x_i - \overline{x})^2} \tag{2.2}$$

W 检验可用于样本 $n < 5000$ 时的正态性检验，此处的轮迹分布测试数据点少的截面数据量仅有几十个，因此采用 W 检验更为精确。

将跑道沿宽度方向按照 2m 长度间隔进行分组划分，对两种机型着陆、单机起飞和双机起飞三种状态下各组频数进行统计，并绘制频率分布直方图。图 2.19 为机型 A、14 号仪器所处截面的飞机着陆轮迹横向分布频率直方图。

14 号仪器共测试 1071 组数据，频率分布直方图的均值为 −0.516m，标准差为 3.034m。经过正态分布拟合发现正态性良好，W 检验 P 值为 0.450，显示该截面的轮迹服从正态分布。

分别对机型 A 和机型 B 着陆、单机起飞和双机起飞三种状态各截面轮迹数据进行正态性检验。

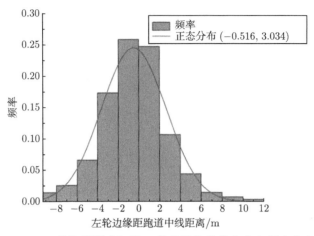

图 2.19　14 号仪器测试机型 A 的着陆轮迹横向分布频率直方图

1. 机型 A 轮迹数据正态性检验

对机型 A 所有仪器所处截面的轮迹数据采用 W 检验方法进行样本正态性检验，检验结果如表 2.9 ~ 表 2.11 所示。

表 2.9　机型 A 着陆各截面轮迹横向分布数据正态性检验

编号	均值/m	标准差/m	W 检验 P 值	编号	均值/m	标准差/m	W 检验 P 值
1	−2.29	4.58	0.00	10	−1.01	2.98	0.270
2	−2.03	3.12	0.690	11	−1.47	3.06	0.549
3	−2.07	3.45	0.156	12	−1.08	2.98	0.631
4	−1.98	3.80	0.254	13	−0.66	3.07	0.692
5	−2.02	3.33	0.433	14	−0.52	3.03	0.450
6	−2.04	3.85	0.236	15	−0.76	3.09	0.504
7	−1.70	4.05	0.197	16	−0.67	3.03	0.476
8	−1.40	3.25	0.302	17	−0.74	2.99	0.415
9	−1.52	3.65	0.617				

机型 A 各截面的轮迹数据正态检验结果显示，着陆时除跑道端部的 1 号设备外，其余所有截面数据均服从正态分布；单机起飞时，除 17 号截面外，其余截面也均服从正态分布；双机起飞时，所有截面的 W 检验 P 值均大于 0.05，所有截面的测试数据均服从正态分布。1 号截面前很少有飞机着陆，17 号截面处于单机起飞区域边缘，该截面后单机起飞的飞机基本均已离地，两者测试数据过少而不足以代表其轮迹横向分布特征。

表 2.10　机型 A 单机起飞各截面轮迹横向分布数据正态性检验

编号	均值/m	标准差/m	W 检验 P 值	编号	均值/m	标准差/m	W 检验 P 值
1	−1.80	2.18	0.339	10	−2.01	2.69	0.415
2	−1.84	2.27	0.336	11	−2.09	2.78	0.175
3	−1.88	2.26	0.447	12	−2.08	2.89	2.240
4	−1.91	2.34	0.614	13	−2.02	2.98	0.124
5	−1.92	2.37	0.353	14	−1.87	2.91	0.079
6	−1.89	2.47	0.288	15	−1.92	3.19	0.065
7	−1.92	2.39	0.085	16	−1.96	3.03	0.077
8	−2.10	2.60	0.246	17	−3.54	3.52	0.00
9	−2.03	2.55	0.211				

表 2.11　机型 A 双机起飞各截面轮迹横向分布数据正态性检验

编号	近侧			远侧		
	均值/m	标准差/m	W 检验 P 值	均值/m	标准差/m	W 检验 P 值
1	−11.46	2.46	0.136	9.57	2.41	0.159
2	−11.75	2.53	0.694	9.61	2.48	0.279
3	−11.22	2.51	0.557	9.76	2.52	0.227
4	−11.34	2.44	0.281	9.24	2.54	0.249
5	−11.51	2.49	0.315	9.44	2.74	0.170
6	−11.94	2.55	0.215	9.83	2.63	0.244
7	−12.69	2.57	0.273	9.16	2.57	0.119
8	−11.79	2.61	0.240	9.55	2.73	0.115
9	−11.82	2.61	0.309	9.43	2.91	0.267
10	−11.52	2.70	0.192	9.12	2.56	0.251
11	−11.98	2.76	0.422	9.74	2.92	0.280
12	−11.01	2.81	0.463	9.56	2.98	0.189
13	−11.46	2.96	0.119	9.52	3.01	0.151
14	−11.09	2.84	0.202	9.79	3.24	0.163
15	−11.82	2.95	0.376	9.82	3.02	0.246
16	−11.01	3.11	0.099	9.01	3.22	0.173
17	−11.83	3.19	0.143	9.83	2.93	0.101

2. 机型 B 轮迹数据正态性检验

对机型 B 所有仪器所处截面的轮迹数据同样采用 W 检验方法进行样本正态性检验，检验结果如表 2.12～表 2.14 所示。

机型 B 各截面的轮迹数据正态检验结果显示，着陆除 1 号截面外，其余截面数据均服从正态分布；单机起飞时，除 16 号和 17 号截面外，其余截面均服从正态分布；双机起飞时，除 17 号截面外，其余截面均服从正态分布。上述 P 值小于 0.05 的截面，均因测试数据过少而不足以代表其轮迹横向分布特征。

表 2.12 机型 B 着陆各截面轮迹横向分布数据正态性检验

编号	均值/m	标准差/m	W 检验 P 值	编号	均值/m	标准差/m	W 检验 P 值
1	−1.75	3.70	0.000	10	−2.19	2.87	0.195
2	−1.92	3.72	0.137	11	−2.15	2.92	0.196
3	−2.62	3.72	0.226	12	−1.78	2.85	0.152
4	−2.25	3.61	0.656	13	−1.47	2.71	0.462
5	−2.46	3.31	0.545	14	−1.15	2.67	0.363
6	−2.83	3.46	0.531	15	−0.77	2.74	0.695
7	−2.45	3.25	0.632	16	−0.55	2.66	0.101
8	−2.72	3.10	0.699	17	−0.63	2.83	0.257
9	−2.33	3.12	0.584				

表 2.13 机型 B 单机起飞各截面轮迹横向分布数据正态性检验

编号	均值/m	标准差/m	W 检验 P 值	编号	均值/m	标准差/m	W 检验 P 值
1	−1.98	1.77	0.339	10	−1.78	2.41	0.415
2	−2.12	2.04	0.336	11	−2.05	2.89	0.175
3	−1.75	2.30	0.447	12	−1.75	2.94	0.240
4	−1.99	2.45	0.614	13	−2.28	3.10	0.124
5	−1.77	2.43	0.353	14	−2.04	2.82	0.079
6	−2.26	2.54	0.288	15	−2.35	2.93	0.165
7	−2.11	2.52	0.085	16	−2.04	3.32	0.012
8	−2.07	2.77	0.246	17	−2.54	3.52	0.000
9	−1.79	2.61	0.211				

表 2.14 机型 B 双机起飞各截面轮迹横向分布数据正态性检验

编号	近侧			远侧		
	均值/m	标准差/m	W 检验 P 值	均值/m	标准差/m	W 检验 P 值
1	−13.19	1.36	0.116	11.62	1.48	0.156
2	−12.51	1.56	0.227	11.56	1.40	0.388
3	−12.26	1.75	0.320	11.81	1.65	0.226
4	−11.86	1.89	0.186	12.21	1.50	0.575
5	−11.51	1.95	0.149	12.54	1.82	0.255
6	−10.73	1.75	0.265	12.80	1.67	0.152
7	−11.04	1.90	0.184	12.37	2.14	0.198
8	−11.70	2.16	0.298	12.37	2.44	0.409
9	−11.78	2.09	0.334	12.10	2.51	0.515
10	−12.32	2.61	0.396	12.35	2.42	0.571
11	−11.90	2.30	0.465	11.77	2.33	0.120
12	−12.71	2.45	0.657	11.29	2.33	0.246
13	−12.83	2.20	0.409	11.61	2.75	0.363
14	−13.03	2.51	0.498	10.60	2.32	0.314
15	−12.61	2.60	0.689	11.40	2.03	0.239
16	−12.69	2.32	0.249	10.51	2.48	0.391
17	−13.79	2.15	0.000	10.20	2.31	0.000

2.3.2　各截面交通量横向分布沿跑道纵向的变化规律

对两个机型服从正态分布截面的均值和标准差在跑道纵向的变化规律进行拟合，可以得到以 y 为自变量的各截面横向分布参数 (均值和标准差) 变化规律拟合表达式。

1. 着陆轮迹横向分布变化规律拟合表达式

1) 机型 A

采用式 (2.3) 和式 (2.4) 所示的分段函数对表 2.9 中机型 A 轮迹数据服从正态分布的后 16 组均值和标准差进行多项式拟合，可得如图 2.20 所示的变化规律。

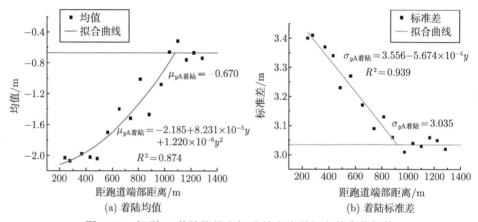

图 2.20　机型 A 着陆均值和标准差在跑道纵向的变化规律

均值：

$$\mu_{y\text{A着陆}} = \begin{cases} -2.185 + 8.231 \times 10^{-5}y + 1.220 \times 10^{-6}y^2, & 0 \leqslant y \leqslant 1081.2 \\ -0.670, & 1081.2 < y \leqslant 2800 \end{cases}$$
(2.3)

标准差：

$$\sigma_{y\text{A着陆}} = \begin{cases} 3.556 - 5.674 \times 10^{-4}y, & 0 \leqslant y \leqslant 918.2 \\ 3.035, & 918.2 < y \leqslant 2800 \end{cases}$$
(2.4)

由图 2.20 可知，机型 A 着陆轮迹分布均值随着滑跑距离的增加绝对值逐渐减小，飞机逐渐对正跑道，对 2~13 号仪器的均值变化采用二次多项式 $\mu_{y\text{A着陆}} = -2.185 + 8.231 \times 10^{-5}y + 1.220 \times 10^{-6}y^2$ 拟合，拟合优度 (决定系数)R^2 为 0.874，拟合效果良好。采用 $-0.670\mathrm{m}$ 对此后截面的轮迹均值拟合，机型 A 基本沿跑道中线滑行。跑道端部着陆标准差较大，着陆点附近轮迹横向偏移分布广，导致跑道端部标准差较大，之后随着飞机逐渐对正跑道，标准差逐渐减小。通过分析发现 2~11 号截面轮迹分布标准差呈线性减小的规律，拟合为直线 $\sigma_{y\mathrm{A}着陆}=3.556-5.674\times10^{-4}y$，$R^2$ 为 0.939，拟合效果良好。此后截面的标准差在 $3\mathrm{m}$ 附近浮动，取值为各截面标准差均值 $3.035\mathrm{m}$。

2) 机型 B

对机型 B 着陆 2~17 号截面的均值和标准差在跑道纵向的变化规律进行拟合，结果见图 2.21。

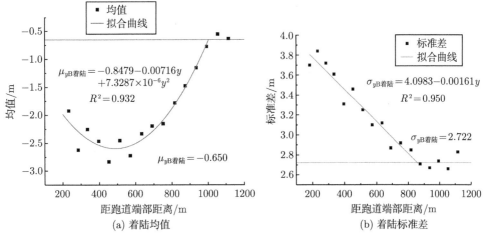

图 2.21　机型 B 着陆均值和标准差在跑道纵向的变化规律

均值：

$$\mu_{y\mathrm{B}着陆}=\begin{cases}-0.8479-0.00716y+7.3287\times10^{-6}y^2, & 0\leqslant y\leqslant1003.88\\-0.650, & 1003.88<y\leqslant2600\end{cases}$$

$$(2.5)$$

标准差：

$$\sigma_{y\mathrm{B}着陆}=\begin{cases}4.0983-0.00161y, & 0\leqslant y\leqslant854.84\\2.722, & 854.84<y\leqslant2600\end{cases}$$

$$(2.6)$$

分析拟合数据，机型 B 着陆轮迹分布均值变化比较复杂，随着滑跑距离的增加，均值先增大后减小之后保持不变，对 2~15 号设备的均值变化采用二次多项式 $\mu_{y\mathrm{B}着陆}=-0.8479-0.00716y+7.3287\times10^{-6}y^2$ 拟合，R^2 为 0.932，拟合效果良好。采用 -0.650m 对此后截面的轮迹均值拟合，机型 B 基本沿跑道中线滑动，与机型 A 的均值规律在跑道端部出现差异的原因是跑道端部的数据量小。与机型 A 相似，机型 B 着陆轮迹跑道端部标准差较大，着陆后不断对正跑道中线，导致跑道端部标准差较大，之后逐渐减小。通过分析发现 2~13 号截面轮迹分布标准差呈线性减小的规律，拟合为直线 $\sigma_{y\text{B着陆}} = 4.0983 - 0.00161y$，$R^2$ 为 0.950，拟合效果良好。13~17 号标准差在 2.7m 附近浮动，取值为各截面标准差均值 2.722m。

2. 单机起飞轮迹横向分布变化规律拟合表达式

1) 机型 A

分别对机型 A 单机起飞前 16 个截面的均值和标准差在跑道纵向上进行拟合，结果如图 2.22 所示。

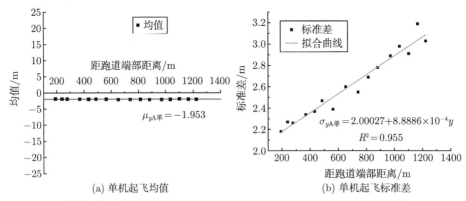

(a) 单机起飞均值　　　　　　　　(b) 单机起飞标准差

图 2.22　机型 A 单机起飞均值和标准差在跑道纵向的变化规律

均值：

$$\mu_{y\text{A单}} = -1.953 \tag{2.7}$$

标准差：

$$\sigma_{y\text{A单}} = 2.00027 + 8.8886 \times 10^{-4}y \tag{2.8}$$

由图 2.22 可知，机型 A 轮迹偏移均值随距跑道端距离的增大基本保持不变，采用 16 组数据均值 -1.953m 作为起飞轮迹偏移均值。分析起飞轮迹偏移标准差数据发现，随着飞机滑跑距离的增加，起飞轮迹偏移标准差逐渐增大，采用 $\sigma_{y\text{A单}} = 2.00027 + 8.8886 \times 10^{-4}y$ 计算，R^2 为 0.955，拟合效果良好。

2) 机型 B

分别采用式 (2.9) 和式 (2.10) 对机型 B 单机起飞前 15 号截面的均值和标准差进行拟合，结果如图 2.23 所示。

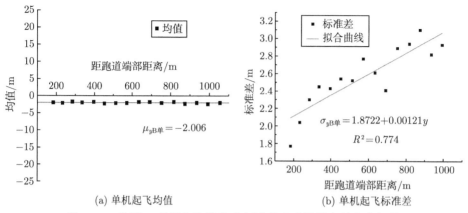

(a) 单机起飞均值　　　　(b) 单机起飞标准差

图 2.23　机型 B 单机起飞均值和标准差在跑道纵向的变化规律

均值:

$$\mu_{y\text{B单}} = -2.006 \tag{2.9}$$

标准差:

$$\sigma_{y\text{B单}} = 1.8722 + 0.00121y \tag{2.10}$$

机型 B 轮迹偏移均值随滑跑距离增大基本保持不变,采用 15 组数据均值 -2.006m 作为起飞轮迹偏移均值,飞机滑跑近似对正跑道。随着机型 B 滑跑距离增加,起飞轮迹偏移标准差近似线性增大,采用式 (2.10) 计算,R^2 为 0.774,拟合效果良好。

3. 双机起飞轮迹横向分布变化规律拟合表达式

1) 机型 A

采用式 (2.11)~式 (2.14) 对机型 A 双机起飞所有截面的均值和标准差进行拟合,结果如图 2.24 所示。

均值:

$$\mu_{y\text{A近}} = -11.602 \tag{2.11}$$

$$\mu_{y\text{A远}} = 9.528 \tag{2.12}$$

标准差:

$$\sigma_{y\text{A近}} = 2.2718 + 6.0150 \times 10^{-4}y \tag{2.13}$$

$$\sigma_{y\text{A远}} = 2.3264 + 6.3300 \times 10^{-4}y \tag{2.14}$$

与机型 A 单机起飞规律相似,距离设备近侧和远侧的飞机轮迹偏移均值分别采用 17 台仪器测试结果的平均值表示,取值分别为 -11.602m 和 9.528m。

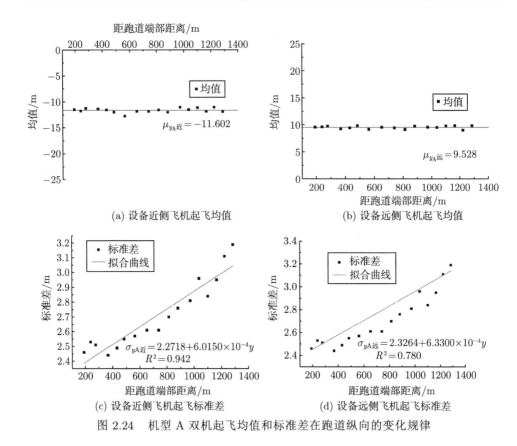

图 2.24　机型 A 双机起飞均值和标准差在跑道纵向的变化规律

随着起飞距离的增加，双机起飞的标准差逐渐增大，分别采用 $\sigma_{y\text{A近}} = 2.2718 + 6.0150 \times 10^{-4}y$，$\sigma_{y\text{A远}} = 2.3264 + 6.3300 \times 10^{-4}y$ 拟合。设备近侧，拟合优度 R^2 为 0.942，拟合效果良好；设备远侧，由于测试距离较远，受到近侧飞机滑跑干扰等因素的影响，R^2 为 0.780。

2) 机型 B

分别采用式 (2.15) 和式 (2.16) 对机型 B 双机起飞前 16 个截面的均值进行拟合，采用式 (2.17) 和式 (2.18) 对机型 B 双机起飞前 16 个截面标准差进行拟合，结果如图 2.25 所示。

均值：

$$\mu_{y\text{B近}} = -12.167 \tag{2.15}$$

$$\mu_{y\text{B远}} = 11.807 \tag{2.16}$$

标准差：

$$\sigma_{y\text{B近}} = 1.37412 + 0.00117y \tag{2.17}$$

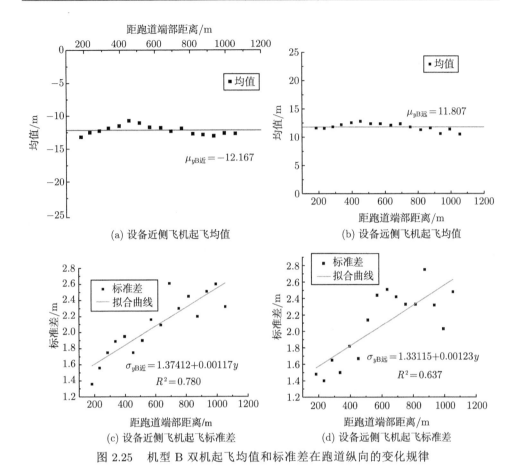

图 2.25　机型 B 双机起飞均值和标准差在跑道纵向的变化规律

$$\sigma_{y\text{B远}} = 1.33115 + 0.00123y \qquad (2.18)$$

根据正态检验结果，机型 B 距离设备近侧和远侧的飞机轮迹偏移均值采用前 16 台仪器测试结果的平均值表示，取值分别为 −12.167m 和 11.807m。随着起飞距离的增加，双机起飞的标准差同样逐渐增大，分别采用 $\sigma_{y\text{B近}} = 1.37412 + 0.00117y$，$\sigma_{y\text{B远}} = 1.33115 + 0.00123y$ 拟合。设备近侧，R^2 为 0.780，拟合效果良好；设备远侧，由于测试距离较远，受到近侧飞机滑跑干扰等因素的影响，R^2 为 0.637。

综合上述统计分析结果，各截面均值数据显示机型 A 与机型 B 起飞着陆基本对正跑道滑跑，略有偏移，但偏移量不大；各截面标准差统计结果显示两型飞机着陆标准差随滑跑距离的增大先减小后基本保持不变，而起飞标准差随滑跑距离的增大逐渐增大，采用一个截面的轮迹分布数据代替整条跑道的分布规律或者采用着陆的轮迹标准差计算起飞的标准差均有一定的误差。

上述轮迹为靠近测试设备主起落架机轮外侧轮迹，机轮中心点的轮迹分布均值需要在外侧轮迹均值的基础上加半个机轮宽度，标准差保持不变，即靠近测试设备主起落架机轮轮迹正态分布表达式可表示为式 (2.19) 形式：

$$f_X(x, y) = \frac{1}{\sigma_y \sqrt{2\pi}} e^{-\frac{(x-\mu_y+B/2)^2}{2\sigma_y^2}} \tag{2.19}$$

式中，B 为飞机轮胎宽度，m。

2.3.3 各截面交通量通行比例沿跑道纵向的变化规律

跑道长度的确定考虑最不利条件和一发失效状态，对于机场上运行的大多数机型来说，跑道长度是富余的，使得机场道面交通量不能布满整条跑道。2.1 节中已对机场道面交通量的分布特点进行了分析，为了反映交通量的平面分布规律，采用纵向通行因子计算每个截面飞机的通行比例，计算公式参照式 (2.1)。值得说明的是，这里的纵向通行因子测试结果并不是各个架次飞机起飞离地点和着陆接地点的原始坐标数据，不能采用假设检验的方法确定起飞离地点和着陆接地点的纵向坐标具体服从哪个分布，仅是仪器截面所在跑道纵向坐标处的通行比例。为方便编程绘制交通量分布曲面，采用前三次多项式对各截面交通量通行比例纵向变化规律进行拟合。

1. 着陆纵向通行变化规律拟合

1) 机型 A

根据跑道中部飞机着陆的轮胎痕迹范围，可以看出机型 A 着陆点基本位于前 7 台仪器测试范围内，除去仪器损坏的天数，将各横截面全部正常工作的 33 天着陆飞机通行数量进行统计 (详见附表 A1，共计 999 着陆架次)，计算得到的纵向通行因子如表 2.15 所示。

表 2.15　机型 A 着陆纵向通行因子

设备编号	1	2	3	4	5	6	7
通行架次	70	277	542	823	937	992	999
纵向通行因子	0.070	0.277	0.543	0.824	0.938	0.993	1.000

测试结果显示，7 号仪器横截面以后，几乎所有飞机均已着陆滑跑，根据纵向通行因子的概念可知 7 号仪器横截面以后的纵向通行因子恒为 1，一直持续到飞机驶离跑道位置。对通行因子沿跑道纵向分别进行线性、二次和三次多项式拟合，结果如图 2.26 所示。

$$f_{Y\text{A着陆}}(y)_1 = -0.2765 + 0.00258y \tag{2.20}$$

$$f_{Y\text{A着陆}}(y)_2 = -1.3949 + 0.00936y - 9.0964 \times 10^{-6}y^2 \tag{2.21}$$

$$f_{Y\text{A着陆}}(y)_3 = -1.5586 + 0.0109y - 1.3308 \times 10^{-5}y^2 + 3.7081 \times 10^{-9}y^3 \tag{2.22}$$

机型 A 着陆纵向通行因子线性拟合、二次多项式拟合、三次多项式拟合的 R^2 分别为 0.880、0.990 和 0.995，拟合次数越高，拟合效果越好。

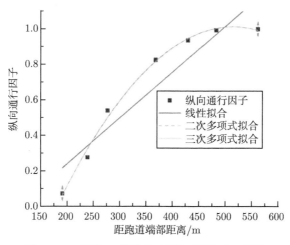

图 2.26　机型 A 着陆纵向通行因子拟合曲线

2) 机型 B

根据跑道中部飞机着陆的轮胎痕迹范围可以看出机型 B 着陆点基本位于前 9 台仪器测试范围内，将各横截面全部正常工作的 27 天着陆飞机通行数量进行统计 (详见附表 A2, 共计 845 着陆架次)，计算得到的纵向通行因子如表 2.16 所示。

表 2.16　机型 B 着陆纵向通行因子

设备编号	1	2	3	4	5	6	7	8	9
通行架次	7	47	121	258	501	640	763	829	845
纵向通行因子	0.0083	0.0556	0.1432	0.3053	0.5929	0.7574	0.9030	0.9811	1

9 号仪器横截面以后，所有飞机均已着陆滑跑，根据纵向通行因子的概念可以求得此后的纵向通行因子恒为 1，一直持续到飞机驶离跑道位置。对通行因子沿跑道纵向分别进行线性、二次和三次多项式拟合，结果如图 2.27 所示。

$$f_{Y\text{B着陆}}(y)_1 = -0.4975 + 0.00256y \tag{2.23}$$

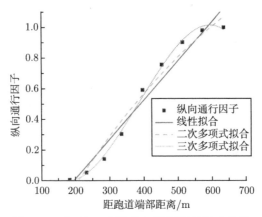

图 2.27　机型 B 着陆纵向通行因子拟合曲线

$$f_{Y\text{B着陆}}(y)_2 = -0.7765 + 0.00414y - 1.9368 \times 10^{-6}y^2 \tag{2.24}$$

$$f_{Y\text{B着陆}}(y)_3 = 0.7106 - 0.00889y + 3.25547 \times 10^{-5}y^2 - 2.81645 \times 10^{-8}y^3 \tag{2.25}$$

机型 B 着陆纵向通行因子线性拟合优度 R^2 为 0.973，二次多项式拟合优度 R^2 为 0.980，三次多项式拟合优度 R^2 高达为 0.992，其中，线性拟合和二次多项式拟合，纵向通行因子在接近 1 时误差较大。

为方便编程，统一采用三次拟合，分别由分段函数式 (2.26) 和式 (2.27) 表示机型 A 和机型 B 着陆的全跑道纵向通行因子。

$$\int_{Y\text{A着陆}}(y)$$

$$= \begin{cases} 0, & y \leqslant 180.95 \\ -1.5586 + 0.0109y - 1.3308 \times 10^{-5}y^2 + 3.7081 \times 10^{-9}y^3, & 180.95 < y \leqslant 459.65 \\ 1, & y > 459.65 \end{cases} \tag{2.26}$$

$$f_{Y\text{B着陆}}(y)$$

$$= \begin{cases} 0, & y \leqslant 177.14 \\ 0.7106 - 0.00889y + 3.25547 \times 10^{-5}y^2 - 2.81645 \times 10^{-8}y^3, & 177.14 < y \leqslant 564.80 \\ 1, & y > 564.80 \end{cases} \tag{2.27}$$

其中，式 (2.27) 与 x 轴并无交点，即 $0.7106 - 0.00889y + 3.25547 \times 10^{-5}y^2 - 2.81645 \times 10^{-8}y^3 = 0$ 无实数根，着陆起始点采用其附近拐点进行近似处理。

2. 单机起飞纵向通行变化规律拟合

1) 机型 A

单机起飞状态下，起飞点的位置在跑道起飞线标志附近，起飞点的纵向分布可以忽略。通过观察统计发现，飞机起飞滑跑经过前 10 号截面时均未达到起飞离地速度，10 号截面后才陆续有单机起飞离地。起飞离地点位置基本位于 10 号截面后，对 10~17 号仪器全部正常工作的 31 天单机起飞通行数量进行统计 (详见附表 A3，共计 301 单机起飞架次)，计算得到的纵向通行因子如表 2.17 所示。

表 2.17　机型 A 单机起飞纵向通行因子

设备编号	10	11	12	13	14	15	16	17
通行架次	301	230	171	134	103	48	25	10
纵向通行因子	1.000	0.768	0.569	0.448	0.343	0.160	0.083	0.033

计算 10~17 号截面的纵向通行因子，采用三次多项式对机型 A 单机起飞的纵向通行因子进行拟合，结果如图 2.28 所示。

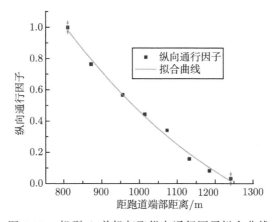

图 2.28　机型 A 单机起飞纵向通行因子拟合曲线

分析可得，拟合优度 R^2 为 0.994，拟合关系良好，采用分段函数式 (2.28) 表示机型 A 单机起飞全跑道纵向通行因子。

$$f_{Y A 单}(y)$$

$$= \begin{cases} 1, & 150 < y \leqslant 807.70 \\ 5.08282 - 0.0075y + 3.46814 \times 10^{-6} y^2 - 5.45818 \times 10^{-10} y^3, & 807.70 < y \leqslant 1295.88 \\ 0, & y > 1295.88 \end{cases}$$

$$(2.28)$$

2) 机型 B

通过观察统计发现，飞机起飞滑跑经过前 9 号截面时均未达到起飞离地速度，9 号截面后陆续有单机起飞离地。飞机起飞离地点基本位于 9 号截面后，对 9~17 号仪器全部正常工作的 18 天单机起飞通行数量进行统计 (详见附表 A4，共计 237 单机起飞架次)，计算得到的纵向通行因子如表 2.18 所示。

表 2.18　机型 B 单机起飞纵向通行因子

设备编号	9	10	11	12	13	14	15	16	17
通行架次	237	230	209	180	109	49	27	11	3
纵向通行因子	1	0.9705	0.8819	0.7595	0.4599	0.2068	0.1139	0.0464	0.0127

计算 9~17 号截面的纵向通行因子，采用三次多项式对纵向通行因子进行拟合，结果如图 2.29 所示。

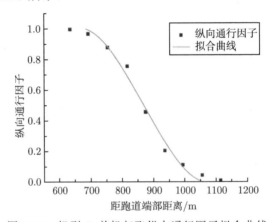

图 2.29　机型 B 单机起飞纵向通行因子拟合曲线

分析可得，拟合优度 R^2 为 0.992，拟合关系良好，采用分段函数式 (2.29) 表示机型 B 单机起飞全跑道纵向通行因子。

$$f_{YB单}(y) =$$

$$\begin{cases} 1, & 150 < y \leqslant 684.47 \\ -15.64027 + 0.06319y - 7.70499 \times 10^{-5}y^2 + 2.95828 \times 10^{-8}y^3, & 684.47 < y \leqslant 1063.91 \\ 0, & y > 1063.91 \end{cases}$$

$$(2.29)$$

3. 双机起飞纵向通行变化规律拟合

1) 机型 A

对于机型 A 双机起飞状态下，起飞点的位置也基本在跑道起飞线标志处，起飞点的纵向分布可以忽略。通过观察统计，飞机起飞滑跑经过前 10 号设备时均未达到起飞离地速度，10 号设备后陆续有单机起飞离地。对 10~17 号截面全部正常工作时的 31 天双机起飞通行数量进行统计 (详见附表 A5，共计 640 双机起飞架次)，计算得到的纵向通行因子如表 2.19 所示。

表 2.19　机型 A 双机起飞纵向通行因子

设备编号	10	11	12	13	14	15	16	17
通行架次	640	630	526	442	318	212	156	42
纵向通行因子	1	0.9844	0.8219	0.6906	0.4969	0.3313	0.2438	0.0656

计算 10~17 号截面的纵向通行因子，采用三次多项式对机型 A 双机起飞通行因子沿跑道纵向进行拟合，结果如图 2.30 所示。

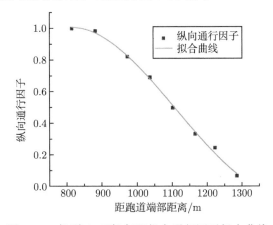

图 2.30　机型 A 双机起飞纵向通行因子拟合曲线

分析可得，拟合优度 R^2 为 0.997，拟合关系良好，采用分段函数式 (2.30) 表示机型 A 双机起飞全跑道纵向通行因子。

$$f_{Y A 双}(y) =$$

$$\begin{cases} 1, & 150 < y \leqslant 848.48 \\ -10.46433 + 0.03485y - 3.37332 \times 10^{-5}y^2 + 1.01172 \times 10^{-8}y^3, & 848.48 < y \leqslant 1346.30 \\ 0, & y > 1346.30 \end{cases}$$

$$(2.30)$$

2) 机型 B

同样，机型 B 双机起飞状态下，起飞点的位置也基本在跑道起飞线标志处，起飞点的纵向分布可以忽略。通过观察统计，飞机起飞滑跑经过前 10 号设备时均未达到起飞离地速度，10 号设备后陆续有单机起飞离地。对 10~17 号截面全部正常工作的 18 天双机起飞通行数量进行统计 (详见附表 A6, 共计 342 双机起飞架次), 计算得到的纵向通行因子如表 2.20 所示。

表 2.20   机型 B 双机起飞纵向通行因子

设备编号	10	11	12	13	14	15	16	17
通行架次	342	337	312	276	187	118	76	11
纵向通行因子	1.0000	0.9854	0.9123	0.8070	0.5468	0.3450	0.2222	0.0322

计算 10~17 号截面的纵向通行因子, 采用三次多项式对机型 B 双机起飞通行因子沿跑道纵向进行拟合, 结果如图 2.31 所示。

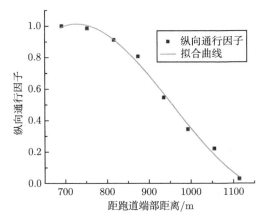

图 2.31   机型 B 双机起飞纵向通行因子拟合曲线

分析可得, 拟合优度 R^2 为 0.995, 拟合关系良好, 采用分段函数式 (2.31) 表示机型 B 双机起飞全跑道纵向通行因子。

$$f_{Y\text{B}双}(y) =$$

$$\begin{cases} 1, & 150 < y \leqslant 754.01 \\ -14.76935 + 0.054495y - 6.03413 \times 10^{-5}y^2 + 2.09697 \times 10^{-8}y^3, & 754.01 < y \leqslant 1137.96 \\ 0, & y > 1137.96 \end{cases}$$

$$(2.31)$$

2.4   机场道面交通量平面分布模型

前几节对机场道面交通量的横向分布和纵向变化规律进行了统计分析, 得到了飞机着陆、单机起飞和双机起飞不同状态下交通量的横向分布正态拟合曲线, 轮迹偏移横向分布概率即横断面上具体每一点的 “流量”。定义的纵向通行因子，实际上是某一横断面总通行次数的概率表征，横向分布概率和纵向通行因子两者的联合分布即道面某一点的交通量概率。

假设设计寿命内机场所保障的飞行任务总量为 N 次，单机起飞次数为 $N_{单}$，双机起飞次数为 $N_{双}$，则 $N = N_{单} + 2N_{双}$。两端起降概率为 $a:b(a+b=1)$，飞机着陆、单机起飞和双机起飞状态下道面各点的交通量由式 (2.32)~ 式 (2.34) 表示：

$$N_{x,y着陆} = aN \cdot f_{X着陆}(x,y) \cdot f_{Y着陆}(y) + bN f_{X着陆}(x, L-y) f_{Y着陆}(L-y) \quad (2.32)$$

$$N_{x,y单} = aN_{单} \cdot f_{X单}(x,y) \cdot f_{Y单}(y) + bN f_{X单}(x, L-y) f_{Y单}(L-y) \quad (2.33)$$

$$N_{x,y双} = aN_{双} \cdot f_{X近/远}(x,y) \cdot f_{Y双}(y) + bN_{双} f_{X近/远}(x, L-y) f_{Yq双}(L-y) \quad (2.34)$$

式 (2.32) ~ 式 (2.34) 为靠近测试设备的主起落架机轮中点的交通量模型，要计算主起落架轮迹总的交通量，还需要叠加远离设备机轮轮迹中点交通量。不考虑飞机偏航、侧转角度的影响，则远离设备机轮轮迹中点交通量模型仅在靠近设备机轮轮迹中点交通量模型的基础上均值偏移一个主起落架间距，标准差保持不变，两个主轮轮迹中点交通量的叠加即为主起落架轮迹总的交通量。

已知某机场所保障机型 A 在设计寿命范围内的起降架次为 100000，两端起降概率为 7:3，单机、双机起飞比例为 1:3，跑道长度为 2800m，宽度为 60m，假设两端着陆的飞机均从中间联络道 (纵向坐标分别为 300m 和 2500m) 处离开跑道。由轮迹分布测试统计规律和交通量平面分布模型，可以得到飞机着陆、单机起飞和双机起飞三种状态下主起落架机轮的交通量，分别如图 2.32、图 2.33 和图 2.34 所示。

由交通量的分布结果可知，交通量的纵向分布是明显的，由上述模型可以计算三种不同飞机运行状态下道面每一点的交通量，也可以求得着陆最大交通量为 23986 架次，单机起飞最大交通量为 5422 架次，双机起飞近设备侧最大交通量为 7621 架次，远设备侧最大交通量为 7488 架次。若按照现行设计规范 [26] 仅计算该机型轮迹横向分布，不考虑交通量的纵向分布，则其交通量横向分布曲线如图 2.35 所示。

由图 2.35 可以看出，仅考虑横向分布得到的交通量曲线模型实际是交通量曲面模型的一种特殊情况，并未考虑飞机的起飞离地点、着陆接地点、滑行轨迹及各横断面纵向交通量的变化。交通量分布曲线的最大值为 25370 架次，《军用机场水泥混凝土道面设计规范》GJB 1278A—2009 中将着陆交通量按照 0.75 倍起飞次数计算，着陆最大交通量为 17759 架次，起飞与着陆最大交通量之和即飞机的运行次数。与上述曲面模型比较发现，忽略交通量的纵向分布，会对整个道面的交通量估计偏大，道面设计偏于保守。

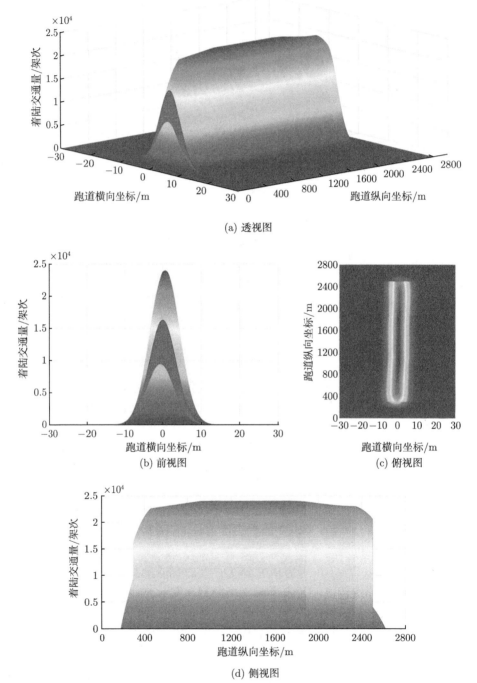

图 2.32　着陆交通量分布曲面

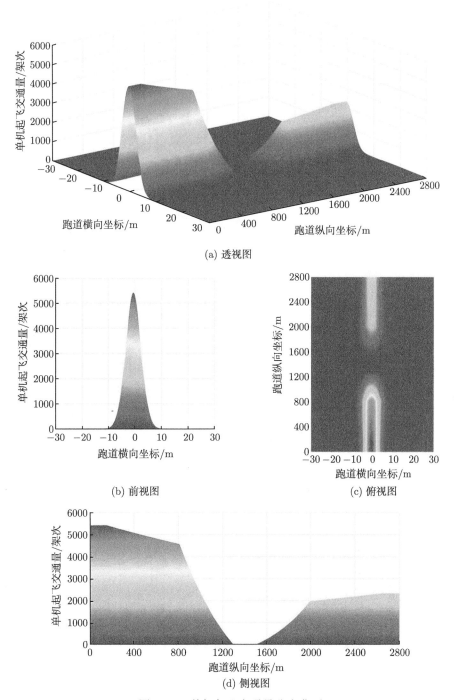

(a) 透视图

(b) 前视图

(c) 俯视图

(d) 侧视图

图 2.33   单机起飞交通量分布曲面

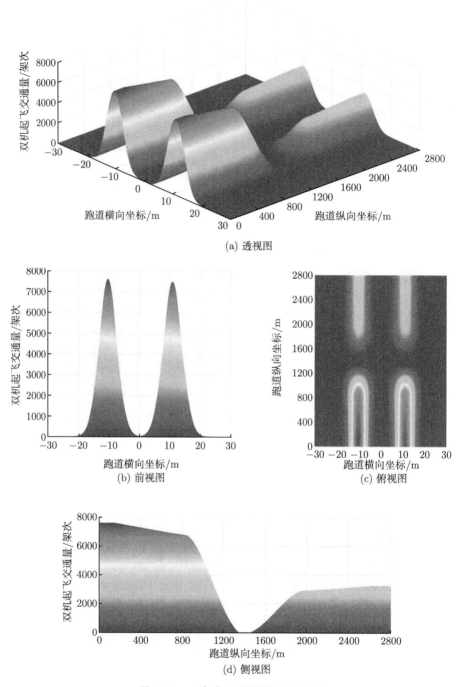

图 2.34　双机起飞交通量分布曲面

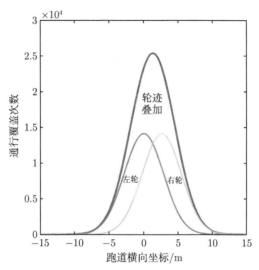

图 2.35　由现行设计规范计算的机型 A 起飞交通量横向分布曲线

2.5　本 章 小 结

本章通过对公路路面交通量与机场道面交通量的特点对比分析,指出机场跑道道面交通量不仅存在横向分布,还存在纵向分布;研究确定采用激光测距法和通行次数法分别作为轮迹横向分布和纵向分布的测试方法;研发了机场道面交通量平面分布测试系统,对两个军用机场所保障的两型短距起降飞机着陆、单机起飞和双机起飞三种状态下的轮迹分布开展现场实测与统计分析,得到了17 组截面的轮迹横向分布数据,并采用纵向通行因子对道面交通量的纵向分布规律进行拟合,在测试统计分析的基础上建立了机场道面交通量的平面分布模型,通过实例验证了所建立的交通量平面分布模型可以评价道面各点的交通量。此外,通过与现行设计规范交通量计算方法的对比发现,仅考虑交通量横向分布会使道面设计偏于保守。

机场道面交通量模型由通行宽度内均匀分布"点"模型和横向正态分布"曲线"模型发展为"平面"分布模型,为下一步建立基于累积损伤平面分布的机场道面设计原理和道面使用维护与管理提供交通量依据。

第 3 章 基于整机滑跑动力学模型的飞机动载计算

道面设计中有关飞机的设计参数,除了受年增长率和分布模型影响的交通量外,还有飞机荷载,其直接决定了道面受到的荷载应力大小。我国《军用机场水泥混凝土道面设计规范》GJB 1278A—2009 中采用 "设计飞机" 的 "当量单轮荷载",而《民用机场水泥混凝土道面设计规范》MH/T 5004—2010 将各机型的机轮荷载分别考虑,计算各自的累积损伤因子。对于动力学效应,两个规范均在静载的基础上乘以动载系数。实际上,由于飞机起飞、着陆全过程受到升力和道面不平度的激励作用,起降过程中的机轮荷载在跑道纵向上是不断变化的,设计方法中未考虑飞机的起降特性。

本章采用理论建模方法对整机滑跑状态下的机轮动载开展研究,建立六自由度整机滑跑动力学方程,并采用 SIMULINK 工具箱对不同道面平整度等级和滑跑速度下的机轮动载进行求解,给出道面不平度和滑跑速度的机轮动载系数计算公式。

3.1　飞机对道面的作用

机场道面的作用是保证飞机在地面的正常活动,包括飞机在道面上停放、滑行、起飞、着陆、转弯和刹车等。随着飞机在道面上运动状态的变化,作用在道面上的荷载也在不断变化。停放时会对道面产生垂直压力;滑行时会对道面产生垂直压力、水平力和冲击力,滑跑时还会产生升力;刹车和转弯时会产生垂直力和水平力。

3.1.1　飞机作用于道面的垂直荷载

飞机起飞与着陆对跑道不同区域的垂直荷载是不同的,主要概括为以下四种情况:起飞前飞机匀速滑进跑道,此时荷载可以认为是恒定不变的;飞机开始滑跑起飞至离地,荷载随着升力的增大而减小;飞机着陆从机轮接地至速度减小至正常滑行速度,荷载随着升力的减小而逐渐增大;飞机按正常滑行速度脱离跑道,此时荷载也可以认为是恒定值。飞机在起飞着陆时对道面产生的垂直荷载是道面厚度设计最重要的因素之一,水泥混凝土道面设计主要考虑飞机对道面的垂直荷载。

此外,飞机着陆时跑道端部的道面受到机轮撞击时的垂直荷载是国内外研究者一直很关注的问题。一般说来，撞击时的冲击荷载与飞机的飘落高度和撞击加速度等有关，主要取决于飞行员的驾驶水平。通常规定飞机在离地面0.5~1.0m 时开始飘落为正常着陆，如果接地下降率过大，则为粗暴着陆。粗暴着陆不仅使道面受到巨大冲击作用，而且容易引起飞机部件的损坏。国外曾对第二次世界大战的经典战机——木质结构的英国蚊式飞机进行过着陆冲击荷载测试，得出的结论是正常着陆时机轮对道面的冲击荷载不会超过静荷载，而粗暴着陆时，道面受到的冲击荷载最大可达到静荷载的 3 倍左右，可能会引起飞机部件的损坏，造成飞行事故。粗暴着陆属于违反操作规程，是不允许的，正常情况下一般不会出现粗暴着陆的情况。因此，各国机场道面设计均不考虑粗暴着陆，只按正常着陆情况进行道面设计。主要原因在于：首先是由于燃油消耗 (军用飞机还有装载弹药的消耗)，飞机着陆重量往往远远小于起飞重量；其次是飞机着陆接地时，速度在 110m/s 左右，升力还很大，大大削弱了着陆时冲击动力荷载对道面的作用；最后，即使是粗暴着陆，由于飞机速度较大，起落架与道面撞击的作用时间很短，瞬间加载，道面来不及变形即已卸载，造成的损伤并不大。此外，粗暴着陆属于小概率事件，且国内外现有研究结果认为其对道面的影响不大，所以一般不作为道面设计的主要因素予以考虑。因此，本章也不考虑粗暴着陆时的冲击荷载，只考虑飞机理想飘落后在跑道上着陆滑行或飞机对准跑道中线起飞滑行时作用于道面的荷载。

3.1.2　飞机作用于道面的水平荷载

飞机在道面上滑行时，道面除承受垂直荷载外，还承受水平力的作用。飞机运动时，机轮与道面之间的摩擦力引起水平荷载；机轮经过道面不平整处产生撞击也会引起水平荷载；飞机着陆时机轮制动过程中产生水平荷载；飞机滑行过程中，如有转弯时，存在侧向摩擦力而产生水平荷载等。由于作用在道面表面的水平荷载时间很短，水平荷载引起的水平应力随深度的增大而迅速减小。因此，在机场水泥混凝土道面设计中一般不考虑水平荷载。

3.1.3　飞机对道面荷载的动效应

飞机在道面上的活动，包括滑行、起飞滑跑、着陆滑跑和地面试车，都会对道面产生动效应。这种动效应还与道面结构的力学特性有关。水泥混凝土道面上飞机的动效应比柔性道面大得多，必须考虑动效应的影响。

飞机对道面的动载响应分析是比较复杂的课题，一方面飞机滑行时机翼将产生一定的升力使机轮对道面的荷载减小；另一方面，机轮通过不平整道面时，将产生冲击作用，会增大飞机荷载对道面的作用效果。通常的做法是引入动载系数，把动载转化为静载，按静力学方法分析道面结构响应。我国《军用机场水平混凝土道面设计规范》GJB 1278A—2009 采用的动载系数如表 3.1 所示。

表 3.1　GJB 1278A—2009 采用的动载系数

道面所在区域	不同胎压 q 下的动载系数	
	$q \geqslant 1.08$ MPa	$q < 1.08$ MPa
滑行道、跑道端部、停机坪、联络道	1.25	1.20
跑道中部	1	1

3.2　考虑速度和道面不平度的飞机动载计算

许多研究者以运动学、动力学为基础，对飞机在跑道上运行的力学规律进行了理论解算，以推求飞机起飞着陆滑跑过程中荷载在跑道纵向的变化规律。一般认为，飞机起飞时对跑道的荷载逐渐减小，直到起飞离地时荷载减小到零；着陆时若不考虑机轮接地的撞击，荷载逐渐增大，然后荷载保持不变继续滑行直到脱离跑道。

本书基于整机滑跑的动力学方程，对道面不平度和滑跑速度作用下飞机在跑道上滑跑过程中对跑道的作用荷载进行仿真。由于飞机对跑道的作用力与跑道对飞机的作用力是一对作用力与反作用力，因此，只需分析飞机在跑道上滑行时的受载情况即可得到飞机滑跑过程中跑道的受载情况。

3.2.1　基本假设

(1) 飞机机体简化为刚体，质量集中于重心，与机翼、缓冲器的外筒共同构成弹性支撑质量，采用六自由度刚体运动模拟，而各起落架支柱及缓冲器、机轮等共同构成非弹性支撑质量，独立分析其运动状态；

(2) 与四轮车辆模型不同，整机模型三个起落架分别处于不同的纵截面，前起落架和左、右主起落架受到的道面激励各不相同，考虑飞机俯仰运动和侧倾运动的影响，不考虑激励的相关性；

(3) 飞机沿直线滑跑，不考虑飞机偏航侧滑对动态响应的影响；

(4) 仅考虑竖向荷载作用。

根据以上假设，建立如图 3.1 所示的六自由度整机滑跑动力学模型。

图 3.1 中，m_0、m_F、m_L、m_R 分别为弹性支撑质量 (含机体、机翼和缓冲器的外筒)，前起落架非弹性支撑质量 (含起落架支柱及缓冲器、机轮) 和左、右主起落架非弹性支撑质量；I_{xx}、I_{yy} 分别为机体绕 x 轴和 y 轴的转动惯量；F_{air} 为缓冲系统空气弹簧力；F_{frc} 为缓冲系统摩擦力；F_{oil} 为缓冲系统油液阻力，计算时区分前起落架和左、右主起落架；k_F、k_L、k_R 分别为前起落架和左、右主起落架轮胎弹性系数；c_F、c_L、c_R 分别为前起落架和左、右主起落架轮胎阻尼系数；z_0 为弹性支撑质量质心的竖向位移；z_1、z_2、z_3 分别为前起落架和左、右主起落架与机体连接点的竖向位移；z_4、z_5、z_6 分别为前起落架和左、右主起

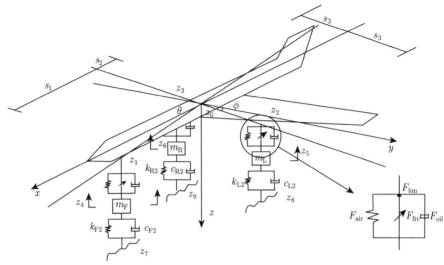

图 3.1　六自由度整机滑跑动力学模型

落架非弹性支撑部分的竖向位移；z_7、z_8、z_9 分别为前起落架和左、右主起落架受到的道面激励竖向位移，即道面不平度；x_0 为飞机机身在航向上的水平位移；θ、ϕ 分别为机体的俯仰角和侧倾角；F_{lim} 为缓冲系统结构限制力；s_1 为前起落架至飞机重心的距离；s_2 为主起落架至飞机重心的前后距离；s_3 为主起落架至飞机重心的左右距离。

3.2.2　整机滑跑动力学方程

由达朗贝尔原理可知，整机滑跑动力学模型如下：

$$m_0\ddot{z}_0 = m_0 g - L - F_{\mathrm{airF}} - F_{\mathrm{frcF}} - F_{\mathrm{oilF}} - F_{\mathrm{airL}} - F_{\mathrm{frcL}} - F_{\mathrm{oilL}} - F_{\mathrm{airR}} - F_{\mathrm{frcR}} - F_{\mathrm{oilR}} \tag{3.1}$$

力矩方程：

$$I_{yy}\ddot{\theta} = \left[F_{\mathrm{airF}} + F_{\mathrm{frcF}} + F_{\mathrm{oilF}}\right] s_1 - \left[F_{\mathrm{airL}} + F_{\mathrm{frcL}} + F_{\mathrm{oilL}}\right] s_2 - \left[F_{\mathrm{airR}} + F_{\mathrm{frcR}} + F_{\mathrm{oilR}}\right] s_2 \tag{3.2}$$

$$I_{xx}\ddot{\phi} = \left[F_{\mathrm{airL}} + F_{\mathrm{frcL}} + F_{\mathrm{oilL}}\right] s_3 - \left[F_{\mathrm{airR}} + F_{\mathrm{frcR}} + F_{\mathrm{oilR}}\right] s_3 \tag{3.3}$$

前起落架和左、右主起落架非弹性质量动力学模型如下：

$$\begin{cases} m_{\mathrm{F}}\ddot{z}_4 = m_{\mathrm{F}}g - k_{\mathrm{F2}}(z_4 - z_7) - c_{\mathrm{F2}}(\dot{z}_4 - \dot{z}_7) + F_{\mathrm{airF}} + F_{\mathrm{frcF}} + F_{\mathrm{oilF}} \\ m_{\mathrm{L}}\ddot{z}_5 = m_{\mathrm{L}}g - k_{\mathrm{L2}}(z_5 - z_8) - c_{\mathrm{L2}}(\dot{z}_5 - \dot{z}_8) + F_{\mathrm{airL}} + F_{\mathrm{frcL}} + F_{\mathrm{oilL}} \\ m_{\mathrm{R}}\ddot{z}_6 = m_{\mathrm{R}}g - k_{\mathrm{R2}}(z_6 - z_9) - c_{\mathrm{R2}}(\dot{z}_6 - \dot{z}_9) + F_{\mathrm{airR}} + F_{\mathrm{frcR}} + F_{\mathrm{oilR}} \end{cases} \tag{3.4}$$

已知质心的俯仰角和侧倾角，由几何关系可得机体与起落架连接点的竖向位移：

$$\begin{cases} z_1 = z_0 + \theta s_1 \\ z_2 = z_0 - \theta s_2 + \phi s_3 \\ z_3 = z_0 - \theta s_2 - \phi s_3 \end{cases} \tag{3.5}$$

3.2.3　相关参数的计算

由上述受力分析可知，飞机在道面上滑行，受到重力、空气升力、起落架缓冲力和道面激励荷载的作用。

1. 空气升力

根据飞行力学相关理论，空气升力 L_q 与空气密度 ρ_{air}、机翼面积 S 及滑跑速度 v (此处的滑跑速度为空速，即飞机地面滑跑速度与风速的合成速度) 有关，采用式 (3.6) 进行计算：

$$L_q = \frac{1}{2} C_L \rho_{air} S v^2 \tag{3.6}$$

式中，C_L 为升力系数。

飞机起飞达到离地速度 v_q 时，升力 L_q 等于重力 G：

$$G = L_q = \frac{1}{2} C_L \rho_{air} S v_q^2 \tag{3.7}$$

飞机在平整的道面以速度 v 滑行时，升力 L_q 的计算公式为

$$L_q = (m_0 + m_N + m_L + m_R) g \frac{v^2}{v_q^2} \tag{3.8}$$

2. 起落架缓冲力

起落架缓冲力包括摩擦力、空气弹簧力、油液阻力和结构限制力。

1) 摩擦力 F_{frc}

缓冲器的摩擦力包括皮碗摩擦力和弯曲摩擦力两部分，弯曲摩擦力是缓冲器支柱上下支点弯曲力矩产生的摩擦力，此处忽略水平方向受力，仅考虑皮碗摩擦力：

$$F_{frc} = \mu_m F_{air} \tag{3.9}$$

式中，μ_m 为皮碗摩擦系数。

2) 空气弹簧力 F_{air}

忽略油液压缩时，单腔油气式变油孔缓冲器空气弹簧力为

$$F_{air} = \left[P_0 \left(\frac{V_0}{V_0 - s A_a} \right)^{\gamma} - P_{atm} \right] A_a \tag{3.10}$$

式中，P_0、V_0 分别为气腔的初始压力和初始体积；P_{atm} 为标准大气压；s 为缓冲行程；A_a 为气腔有效压气面积；γ 为气体的多变指数，取值为 1.0~1.4。

常采用停机状态下线性刚度对空气弹簧力进行简化[125]，具体如下：

$$
\begin{cases}
k_F = \dfrac{\gamma P_0' A_a'^{\,2}}{V_0'} \left(\dfrac{m_0 g s_2}{(1+\mu')(s_1+s_2)P_0'A_a'} \right)^{\frac{\gamma+1}{\gamma}} \\[3mm]
k_L = k_R = \dfrac{\gamma P_0 A_a^2}{V_0} \left(\dfrac{m_0 g s_1}{2(1+\mu)(s_1+s_2)P_0 A_a} \right)^{\frac{\gamma+1}{\gamma}}
\end{cases}
\tag{3.11}
$$

3) 油液阻力 F_{oil}

由流体力学相关理论可知[126]，单腔式变油孔缓冲器的油液阻力为

$$
F_{oil} = \left(\dfrac{\rho A_h^3}{2c_d^2 A_d^2} + \dfrac{\rho A_{hs}^3}{2c_{ds}^2 A_{ds}^2} \right) \dot{s}\,|\dot{s}| = c_2 \cdot \dot{s}\,|\dot{s}|
\tag{3.12}
$$

式中，ρ 为油液密度；A_h 为缓冲器有效压油面积；A_d、A_{ds} 分别为主油孔、回油孔面积；c_d、c_{ds} 分别为主油孔、回油孔油液缩流系数；A_{hs} 为缓冲器有效压油面积；c_2 为阻尼系数。

4) 结构限制力 F_{lim}

缓冲器竖向变形时，可能超出伸缩行程，外筒结构会限制缓冲器进一步变形，结构限制力采用式 (3.13) 计算：

$$
F_{lim} = \begin{cases}
K_s s, & s < 0 \\
0, & 0 \leqslant s \leqslant s_{max} \\
K_s(s - s_{max}), & s > s_{max}
\end{cases}
\tag{3.13}
$$

式中，K_s 为缓冲器刚度；s_{max} 为缓冲器的极限行程。

3. 道面激励荷载的作用

飞机在道面上滑行，道面不平整会对机体产生振动。由于道面不平整具有随机性，飞机所受的激励荷载也是随机的，将产生随机振动。引起飞机随机振动的因素除了道面不平整外，还有飞机发动机转动、刹车、转弯等操作引起的机械振动，飞机与道面耦合振动等[127]。道面仿真产生的道面不平度通常为毫米级，而机轮作用于道面产生的实测动弯沉为微米级，相对于道面不平整引起的随机振动，机械振动和耦合振动荷载相对较小[128]。因此，研究飞机滑行状态下道面的动态响应时，可认为飞机的随机振动完全由道面不平整引起。

1) 机场道面不平度的分级与表达

与公路路面相同，道面不平度也可以看作平稳随机过程，采用功率谱密度 $G_q(n)$ 来表示，功率谱密度表示道面平整度能量在空间的分布，反映道面结构

和总体特征。类比于公路路面不平度，道面不平度也采用式 (3.14) 功率谱密度函数进行表达，道面不平度分级情况同样类比公路，如表 3.2 所示[129]。

$$G_q(n) = G_q(n_0)(n/n_0)^{-\omega} \tag{3.14}$$

式中，n 为不平度的空间频率，表示每米包括几个波长；n_0 为空间参考频率，一般取值为 $0.1\mathrm{m}^{-1}$；$G_q(n_0)$ 为对应等级道面下的功率谱密度；ω 为频率指数，一般取值为 2。

表 3.2　道面不平度分级标准

道面等级	道面功率谱密度 $G_q(n_0)/(10^{-6}\mathrm{m}^3)$			道面等级	道面功率谱密度 $G_q(n_0)/(10^{-6}\mathrm{m}^3)$		
	上限	下限	几何平均值		上限	下限	几何平均值
A	32	8	16	E	8192	2048	4096
B	128	32	64	F	32768	8192	16384
C	512	128	256	G	131072	32768	65536
D	2048	512	1024	H	524288	131072	262144

2) 滤波白噪声法仿真道面不平度

将 $f = vn$，$\omega = 2\pi f$ 代入功率谱密度表达式 (3.14) 可得

$$G_q(\omega) = (2\pi)^2 G_q(n_0) n_0^2 \frac{v}{\omega^2} \tag{3.15}$$

对于上述公式，当 $\omega \to 0$ 时，$G_q(\omega) \to +\infty$。为了防止上述情况，常采用下截止角频率 ω_0，式 (3.15) 转化为

$$G_q(\omega) = (2\pi)^2 G_q(n_0) n_0^2 \frac{v}{\omega^2 + \omega_0^2} \tag{3.16}$$

根据随机振动理论和线性系统响应规律，一阶线性系统具有如式 (3.17) 所示的响应规律：

$$G_q(\omega) = |H(\mathrm{j}\omega)|^2 S_\omega \tag{3.17}$$

式中，$H(\mathrm{j}\omega)$ 为频响函数；S_ω 为白噪声功率谱密度，通常取值为 1。

根据式 (3.16) 和式 (3.17)，可以得到频响函数：

$$H(\mathrm{j}\omega) = \frac{2\pi n_0 \sqrt{G_q(n_0) v}}{\omega_0 + \mathrm{j}\omega} \tag{3.18}$$

将式 (3.18) 采用微分方程表达，可以得到滤波白噪声道面不平度时域模型：

$$q(t) = -2\pi f_0 q(t) + 2\pi n_0 \sqrt{G_q(n_0)} u\omega(t) \tag{3.19}$$

采用 SIMULINK 工具箱对式 (3.19) 进行求解, 得到如图 3.2 所示的模型。

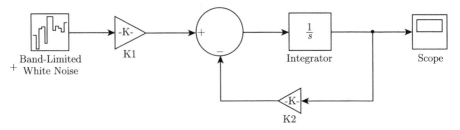

图 3.2　滤波白噪声 SIMULINK 模型

Band-Limited White Noise: 白噪声生成器; Integrator: 积分器; Scope: 结果显示

在 Band-Limited White Noise 中生成白噪声原始数据, 需要确定采样时间间隔。周辅昆等[130] 和李仲兴等[131] 均采用固定的 Sample Time (采样时间), 但由于采样频率固定, 白噪声产生的数据相同, 不同速度下经过 Gian 增益模块和 Integrated 模块积分变换得到的道面谱幅值不同。图 3.3 为 $v=10$m/s 和 $v=20$m/s 的道面不平度曲线, 两组道面仿真中仅是速度不同, 转化到空间频域内不平度的幅值应该保持不变, 但两组道面的幅值存在差异, 采用固定采样频率确定的白噪声并不符合道面实际。

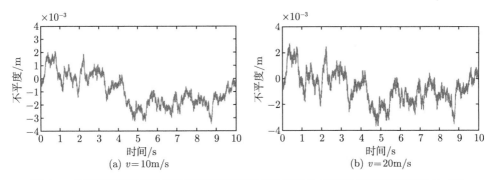

图 3.3　不同速度固定采样时间间隔时滤波白噪声法生成的随机道面不平度 (A 级)

王永生等[132] 对白噪声两种生成方式 White noise 和 Band-Limited White Noise 中的参数取值问题进行了详细的讨论, 确定了仿真步长与数据间隔的关系。采用变采样频率 (采样频率与速度成反比), 仿真得到的数据转换到空域范围满足空域不变原则。这里根据最小采样定理确定的变采样频率 $f_s = 2n_{\max}v$, 仿真步长 Δt 取值为 $1/2n_{\max}v$, 对平整度为 A 级的道面进行仿真, 得到 $v=10$m/s 和 $v=20$m/s 的道面不平度曲线 (图 3.4)。观察曲线可以看到, 当速度增大一倍, 响应的功率谱幅值一定, 幅频加倍, 即速度 10m/s 条件下 10s 的道面不平度等于速度 20m/s 条件下 5s 的道面不平度, 符合道面不平度空间不变规律。进而可以根据位移与时间换算关系 $x = vt$，将时间频域不平度转化到空间频域，两种速度下均得到如图 3.5 所示道面不平度。

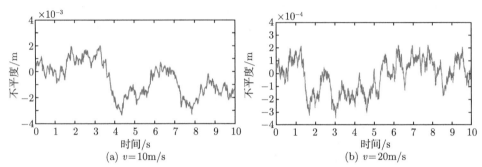

(a) v=10m/s　　　　　　　　　(b) v=20m/s

图 3.4　不同速度变采样时间间隔时滤波白噪声法生成的随机道面不平度 (A 级)

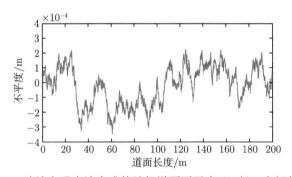

图 3.5　滤波白噪声法生成的随机道面不平度 (A 级，空间频域)

计算滤波白噪声法所生成平整度为 A 级道面的均方根为 1.24，而标准 A 级道面均方根为 1.22，两者相近。采用 Welch 周期法计算滤波白噪声法生成的道面随机功率谱密度，并与标准功率谱密度对比，如图 3.6 所示。

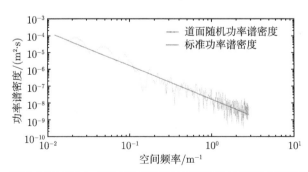

图 3.6　滤波白噪声法生成的道面随机功率谱密度与标准功率谱密度对比

滤波白噪声法采用 SIMULINK 生成白噪声, 通过函数积分器求解不平度很方便, Welch 周期法计算滤波白噪声法生成的道面随机功率谱密度与标准功率谱密度拟合效果良好。但由于 Band-Limited White Noise 生成的随机数为系统伪随机数, 存在两次独立的不平度模拟结果相同的问题。可以采用 SIMULINK 中的 Transport Delay 模块实现道面不同纵向的不平度模拟。

3) 基于滤波白噪声法的 IRI 与 PSD 的转换

在路面平整度评价指标中, 国际平整度指数 (international roughness index, IRI) 因快速高效而得到广泛应用。在巴西等国家资助下, 世界银行开展了路面不平度测试, 提出用 IRI 作为路面平整度指标 [133]。Gillespie 等 [134] 建立了标准 1/4 车辆模型, 采用路面不平度激励下弹簧质量和非弹簧质量的累计相对位移作为 IRI 的值, 模型如图 3.7 所示, 计算见式 (3.20)。

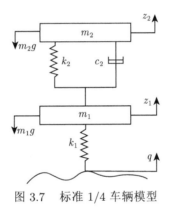

图 3.7 标准 1/4 车辆模型

$$\begin{cases} m_1\ddot{z}_1 = c_2(\dot{z}_2-\dot{z}_1)+k_2(z_2-z_1)-k_1(z_1-q) \\ m_2\ddot{z}_2 = -c_2(\dot{z}_2-\dot{z}_1)-k_2(z_2-z_1) \end{cases} \Longrightarrow \begin{cases} u\ddot{z}_1 = c(\dot{z}_2-\dot{z}_1)+k(z_2-z_1)-k_t(z_1-q) \\ \ddot{z}_2 = -c(\dot{z}_2-\dot{z}_1)-k(z_2-z_1) \end{cases}$$

$$Z_a = \frac{1}{L}\int_0^L |z_2-z_1|\mathrm{d}x = \frac{1}{vt}\int_0^t |\dot{z}_2-\dot{z}_1|\mathrm{d}t \tag{3.20}$$

式中, z_1、z_2 分别为非簧载质量和簧载质量的垂直绝对位移; c、u、k、k_t 为相关系数, 取 $c=c_2/m_2=6.0\mathrm{s}^{-1}$, $u=m_1/m_2=0.15$, $k_t=k_1/m_2=653\mathrm{s}^{-2}$, $k=k_2/m_2=63.3\mathrm{s}^{-2}$; q 为路面不平度; L 为路段长度; v 为行驶速度; x 为纵向位移; t 为行驶时间。

采用 SIMULINK 工具箱求解标准 1/4 车辆模型, 如图 3.8 所示。

对不同等级道面的 IRI 均值进行仿真计算, 可以得到表 3.3 所示的不同平整度等级的道面功率谱密度 (PSD) 下对应的 IRI 均值。

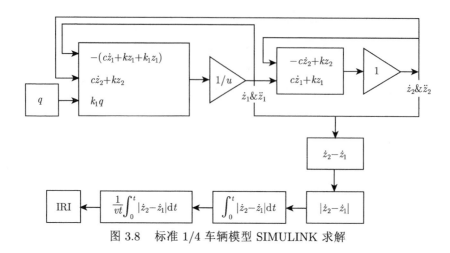

图 3.8   标准 1/4 车辆模型 SIMULINK 求解

表 3.3   不同平整度等级对应的 IRI 均值

平整度等级	IRI 均值	平整度等级	IRI 均值
A	2.179	E	34.865
B	4.358	F	69.731
C	8.716	G	139.462
D	17.433	H	278.923

对仿真产生的 IRI 均值与 PSD (用函数 $G_q(n_0)$ 表示) 进行如图 3.9 所示的非线性拟合，可得公式 (3.21)：

$$\text{IRI} = 544.772\sqrt{G_q(n_0)} \tag{3.21}$$

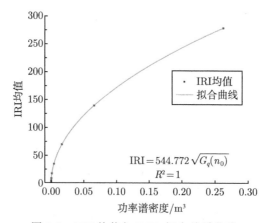

图 3.9   IRI 均值与 PSD 拟合关系曲线

将不同等级道面的 IRI 代入式 (3.21)，可得到 IRI 与 PSD 的对应关系，如表 3.4 所示。

表 3.4　国际平整度指数分级标准与对应的 PSD

IRI	$G_q(n_0)/(10^{-6}\mathrm{m}^3)$	评价等级
1	3.370	好
2	13.478	
3	30.326	中
4	53.913	
5	84.238	差
6	121.303	

化简后的方程为

$$
\begin{aligned}
m_0\ddot{z}_0 =\ & m_0 g - (m_0 + m_\mathrm{F} + m_\mathrm{L} + m_\mathrm{R})g\frac{V^2}{V_q^2} - (1+\mu_\mathrm{F})k_\mathrm{F}(z_0 + \theta s_1 - z_4) \\
& - c_\mathrm{F}(\dot{z}_0 + \dot\theta s_1 - \dot{z}_4)^2\mathrm{sign}(\dot{z}_0 + \dot\theta s_1 - \dot{z}_4) - F_{\lim\mathrm{F}} \\
& - (1+\mu_\mathrm{L})k_\mathrm{L}(z_0 - \theta s_2 + \phi s_3 - z_5) \\
& - c_\mathrm{L}(\dot{z}_0 - \dot\theta s_2 + \dot\phi s_3 - \dot{z}_5)^2\mathrm{sign}(\dot{z}_0 - \dot\theta s_2 + \dot\phi s_3 - \dot{z}_5) - F_{\lim\mathrm{L}} \\
& - (1+\mu_\mathrm{R})k_\mathrm{R}(z_0 - \theta s_2 - \phi s_3 - z_6) \\
& - c_\mathrm{R}(\dot{z}_0 - \dot\theta s_2 - \dot\phi s_3 - \dot{z}_6)^2\mathrm{sign}(\dot{z}_0 - \dot\theta s_2 - \dot\phi s_3 - \dot{z}_6) - F_{\lim\mathrm{R}}
\end{aligned}
\tag{3.22}
$$

$$
\begin{aligned}
I_{yy}\ddot\theta =\ & [(1+\mu_\mathrm{F})k_\mathrm{F}(z_0 + \theta s_1 - z_4) + c_\mathrm{F}(\dot{z}_0 + \dot\theta s_1 - \dot{z}_4)^2\mathrm{sign}(\dot{z}_0 + \dot\theta s_1 - \dot{z}_4) + F_{\lim\mathrm{F}}]s_1 \\
& - [(1+\mu_\mathrm{L})k_\mathrm{L}(z_0 - \theta s_2 + \phi s_3 - z_5) \\
& + c_\mathrm{L}(\dot{z}_0 - \dot\theta s_2 + \dot\phi s_3 - \dot{z}_5)^2\mathrm{sign}(\dot{z}_0 + \dot\theta s_2 + \dot\phi s_3 - \dot{z}_5) + F_{\lim\mathrm{L}}]s_2 \\
& - [(1+\mu_\mathrm{R})k_\mathrm{R}(z_0 - \theta s_2 + \phi s_3 - z_6) \\
& + c_\mathrm{R}(\dot{z}_0 - \dot\theta s_2 + \dot\phi s_3 - \dot{z}_6)^2\mathrm{sign}(\dot{z}_0 + \dot\theta s_2 + \dot\phi s_3 - \dot{z}_6) + F_{\lim\mathrm{R}}]s_2
\end{aligned}
\tag{3.23}
$$

$$
\begin{aligned}
I_{xx}\ddot\phi =\ & [(1+\mu_\mathrm{L})k_\mathrm{L}(z_0 - \theta s_2 + \phi s_3 - z_5) \\
& + c_\mathrm{L}(\dot{z}_0 - \dot\theta s_2 + \dot\phi s_3 - \dot{z}_5)^2\mathrm{sign}(\dot{z}_0 - \dot\theta s_2 + \dot\phi s_3 - \dot{z}_5) + F_{\lim\mathrm{L}}]s_3 \\
& - [(1+\mu_\mathrm{R})k_\mathrm{R}(z_0 - \theta s_2 - \phi s_3 - z_6) \\
& + c_\mathrm{R}(\dot{z}_0 - \dot\theta s_2 - \dot\phi s_3 - \dot{z}_6)^2\mathrm{sign}(\dot{z}_0 - \dot\theta s_2 - \dot\phi s_3 - \dot{z}_6) + F_{\lim\mathrm{R}}]s_3
\end{aligned}
\tag{3.24}
$$

$$m_{\mathrm{F}}\ddot{z}_4 = m_{\mathrm{F}}g - k_{\mathrm{N2}}(z_4 - z_7) - c_{\mathrm{N2}}(\dot{z}_4 - \dot{z}_7) + (1 + \mu_{\mathrm{F}})k_{\mathrm{F}}$$

$$(z_0 + \theta s_1 - z_4) + c_{\mathrm{F}}(\dot{z}_0 + \dot{\theta}s_1 - \dot{z}_4)^2 \mathrm{sign}(\dot{z}_0 + \dot{\theta}s_1 - \dot{z}_4) + F_{\lim \mathrm{F}}$$

$$+ (1 + \mu_{\mathrm{F}})k_{\mathrm{F}}(z_0 + \theta s_1 - z_4) + c_{\mathrm{F}}(\dot{z}_0 + \dot{\theta}s_1 - \dot{z}_4)^2 \mathrm{sign}(\dot{z}_0 + \dot{\theta}s_1 - \dot{z}_4) + F_{\lim \mathrm{F}}$$

$$(3.25)$$

$$m_{\mathrm{L}}\ddot{z}_5 = m_{\mathrm{L}}g - k_{\mathrm{L2}}(z_5 - z_8) - c_{\mathrm{L2}}(\dot{z}_5 - \dot{z}_8) + (1 + \mu_{\mathrm{L}})k_{\mathrm{L}}(z_0 - \theta s_2 + \phi s_3 - z_5)$$

$$+ c_{\mathrm{L}}(\dot{z}_0 - \dot{\theta}s_2 + \dot{\phi}s_3 - \dot{z}_5)^2 \mathrm{sign}(\dot{z}_0 - \dot{\theta}s_2 + \dot{\phi}s_3 - \dot{z}_5) + F_{\lim \mathrm{L}}$$

$$(3.26)$$

$$m_{\mathrm{R}}\ddot{z}_6 = m_{\mathrm{R}}g - k_{\mathrm{R2}}(z_6 - z_9) - c_{\mathrm{R2}}(\dot{z}_6 - \dot{z}_9) + (1 + \mu_{\mathrm{R}})k_{\mathrm{R}}(z_0 - \theta s_2 - \phi s_3 - z_6)$$

$$+ c_{\mathrm{R}}(\dot{z}_0 - \dot{\theta}s_2 - \dot{\phi}s_3 - \dot{z}_6)^2 \mathrm{sign}(\dot{z}_0 - \dot{\theta}s_2 - \dot{\phi}s_3 - \dot{z}_6) + F_{\lim \mathrm{R}}$$

$$(3.27)$$

式中，sign 为符号函数，$\mathrm{sign}(f(x)) = \begin{cases} 1, & f(x) > 0 \\ 0, & f(x) = 0 \\ -1, & f(x) < 0 \end{cases}$

3.2.4　模型求解

求解模型所用两种机型飞机参数如表 3.5 所示。

表 3.5　飞机参数取值

	参数	单位	机型 A	机型 B
	机身航向转动惯量 J_{yy}	kg·m²	2051007	3070789
	机身侧向转动惯量 J_{xx}	kg·m²	1095018	1304977
	机身质量 m_0	$\times 10^4$kg	17918.5	30300
	左、右主起落架悬挂系统质量 m_1	kg	785.6	923.1
	前起落架悬挂系统质量 m_2	kg	305.3	410.2
飞机系统	左、右主起落架轮胎弹性系数 k_2	$\times 10^6$N/m	1.5	1.5
	前起落架轮胎弹性系数 k_4	$\times 10^6$N/m	1	1
	左、右主起落架轮胎阻尼系数 c_2	$\times 10^4$	2.5	2.5
	前起落架轮胎阻尼系数 c_4	$\times 10^4$	1.5	1.5
	前起落架距飞机重心的水平投影距离 s_1	m	5.290	5.394
	左、右主起落架距飞机重心的水平投影距离 s_2	m	0.360	0.406
	左、右主起落架间距 $2s_3$	m	2.6	4.34
	机翼面积 S	m²	38.95	46.52

续表

	参数	单位	机型 A	机型 B
环境	升力系数 C_L	—	0.96	0.96
	地面摩擦系数 μ	—	0.04	0.04
	空气密度 ρ_{air}	kg/m^3	1.293	1.293
	标准大气压 P_{atm}	$\times 10^5 Pa$	1.01	1.01
	气体的多变指数 γ	—	1.25	1.25
	风速	m/s	2	2
主起落架	气腔的初始压力 P_0	$\times 10^6 Pa$	1.60	1.73
	气腔的初始体积 V_0	$\times 10^{-3} m^3$	15.92	17.85
	气腔有效压气面积 A_a	$\times 10^{-2} m^2$	2.5564	2.6023
	主油腔有效压油面积 A_h	$\times 10^{-2} m^2$	1.851	1.902
	主油腔油孔面积 A_0	$\times 10^{-3} m^2$	1.186	1.220
	主油孔流量系数	—	0.8	0.8
	回油腔有效压油面积 A_h	$\times 10^{-3} m^2$	6.012	7.373
	回油腔油孔面积 A_0	$\times 10^{-5} m^2$	4.76	6.01
	回油孔流量系数	—	0.7	0.7
	油液密度 ρ_{oil}	kg/m^3	863	863
	缓冲器的最大行程	m	0.60	0.63
	缓冲器支柱库仑摩擦系数 μ_m	—	0.15	0.15
前起落架	气腔的初始压力 P_0'	$\times 10^6 Pa$	1.5	1.5
	气腔的初始体积 V_0'	$\times 10^{-3} m^2$	4.55	4.82
	气腔有效压气面积 A_a'	$\times 10^{-2} m^2$	1.5394	1.6439
	主油腔有效压油面积 A_h'	$\times 10^{-3} m^2$	7.5213	7.8117
	主油腔油孔面积 A_0'	$\times 10^{-4} m^2$	4.05	5.21
	主油孔流量系数	—	0.8	0.8
	回油腔有效压油面积 A_h'	$\times 10^{-3} m^2$	4.104	5.322
	回油腔油孔面积 A_0'	$\times 10^{-5} m^2$	5.4	6.6
	油液密度 ρ_{oil}'	kg/m^3	863	863
	回油孔流量系数	—	0.7	0.7
	缓冲器的最大行程	m	0.60	0.73
	缓冲器支柱库仑摩擦系数 μ_m'	—	0.12	0.12

采用 SIMULINK 工具箱对上述非线性方程进行求解，如图 3.10 所示。其中，Road Input 模块输入的是道面不平度信息，道面不平度可以为实测数据或仿真数据，由于缺乏道面实测数据，这里采用 3.2.3 小节变采样频率滤波白噪声法生成特定功率谱密度下的道面不平度。

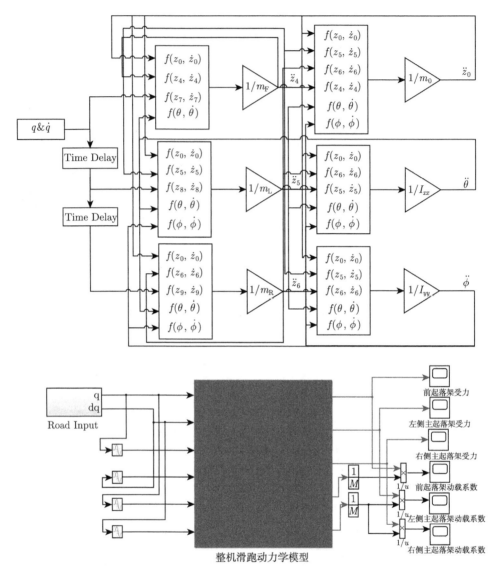

图 3.10　整机滑跑动力学模型 SIMULINK 求解

Time Delay: 时间延迟；Road Input：道面不平度输入

根据 3.2.1 小节中假设 (2) 可知,三个机轮受到的激励各不相同,采用 Transport Delay 实现互相独立的道面不平度输入。图 3.11 ~ 图 3.13 分别为 IRI 取值为 4,仿真时长 600s,各机轮延迟振动时间 200s,截取 400~600s 数据,机型 A 滑跑速度为 40m/s(这里采用的速度单位为 m/s,而不是飞机常用的航速单位 km/h,是考虑到计算跑道纵向机轮荷载分布时,跑道纵向坐标的单位为 m,避免后期进行二次转换) 时,每一时刻前起落架和左、右主起落架的机轮动

载和动静荷载比 (动载与静载的比值)。

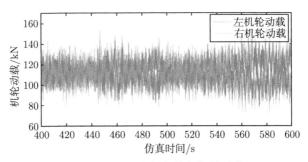

图 3.11　左、右主起落架机轮动载

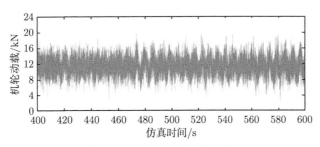

图 3.12　前起落架机轮动载

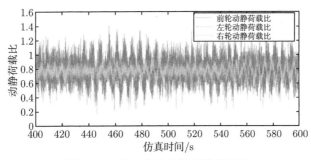

图 3.13　各起落架机轮动静荷载比

采用机轮动载与动静荷载比均值、标准差及最大值 (3σ 准则) 来分析上述仿真结果，如表 3.6 所示。

表 3.6　滑跑速度 40m/s 时机轮动载与动静荷载比

位置	机轮动载/kN			动静荷载比		
	均值	标准差	最大值	均值	标准差	最大值
前轮	14.425	2.790	22.796	0.791	0.153	1.250
左轮	63.327	5.906	81.046	0.772	0.072	0.988
右轮	63.245	5.086	78.503	0.771	0.062	0.957

飞机在光滑的道面上以速度 40m/s 滑行时，在升力的作用下处于平衡状态，由平衡状态下的受力分析，可得式 (3.28)：

$$\begin{cases} (F_{\mathrm{F}} - m_{\mathrm{F}}g)(s_1 + s_2) = (m_0 g - L)s_2 \\ 2(F_{\mathrm{L(R)}} - m_{\mathrm{L(R)}}g)(s_1 + s_2) = (m_0 g - L)s_1 \end{cases} \tag{3.28}$$

代入相关参数，求解可得前轮、左轮和右轮的荷载分别为 18.237kN、63.322kN、63.322kN，近似等于道面不平度激励下的动载均值。动载均值与道面的不平度无关，原因是滤波白噪声法生成道面不平度时假设道面不平度服从均值为 0 的高斯随机过程，且缓冲器和轮胎均为线弹性简化模型。此外，前机轮在不平度激励下产生的动载标准差较大，动载最大值比均值提高 58.14%，动静荷载比高达 1.250，而两个主起落架的轮胎动载最大值比均值分别提高 28.26% 和 27.84%，表明前机轮的颠簸更为剧烈，但前机轮动载较小，仅占总机轮荷载的 12.50%。

3.2.5 影响因素分析

1. 平整度等级的影响

分别以动静荷载比的均值、标准差、最大值为 y 轴，以道面平整度等级为 x 轴，绘制不同滑跑速度 v 下，上述指标随平整度等级的变化情况，如图 3.14 ~ 图 3.16 所示。

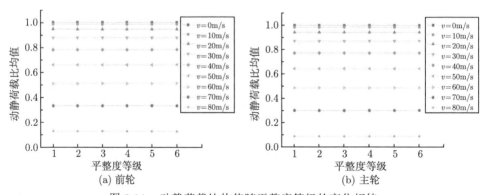

图 3.14　动静荷载比均值随平整度等级的变化规律

分析图 3.14 ~ 图 3.16 可知：

(1) 动静荷载比均值与道面不平度无关。滑跑速度为 40m/s 时，假定飞机在光滑的道面上以相同的速度滑行，在升力的作用下处于平衡状态，由平衡状态下的受力分析 (式 (3.28))，$L = 0$ 时即为停机状态下的机轮静载，将 $v = 40\mathrm{m/s}$ 下的 L 代入方程，求解可得前轮、左轮和右轮的动静荷载比分别为 0.791、

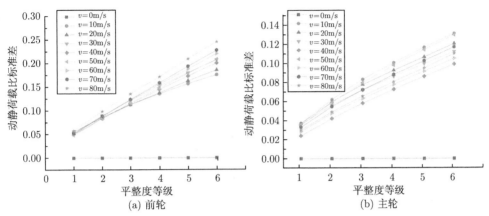

图 3.15　动静荷载比标准差随平整度等级的变化规律

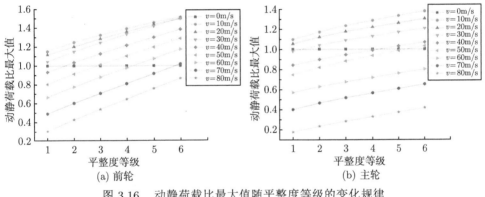

图 3.16　动静荷载比最大值随平整度等级的变化规律

0.771、0.771，近似等于道面不平度激励下的动载均值。其原因是滤波白噪声法生成道面不平度时假设道面不平度服从均值为 0 的高斯随机过程，且缓冲器和轮胎均为线弹性简化模型。

(2) 同一滑跑速度下，道面平整度越差，动静荷载比的标准差和最大值越大，并且近似呈线性关系增长。

(3) 平整度等级是影响机轮动载最为关键的因素。平整度等级为 6 时，前轮动静荷载比最大值高达 1.528，左、右轮动静荷载比最大值分别为 1.367、1.367，而道面状况良好，平整度等级为 1 时，前轮动静荷载比最大值仅为 1.137，左、右轮动静荷载比最大值分别为 1.091、1.091，相比 IRI=6 时，前轮、左轮和右轮的动静荷载比分别降低 25.59%、20.19%、20.19%。因此，维护道面良好的平整度，对于延长道面使用寿命，减少飞机机械疲劳损伤具有重要意义。

2. 飞机滑跑速度的影响

图 3.17～ 图 3.19 给出了机型 A 前轮和主轮动静荷载比均值、标准差和最大值随滑跑速度的变化规律。

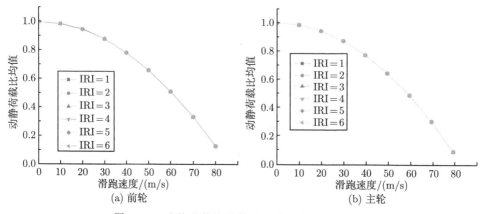

图 3.17　 动静荷载比均值随滑跑速度的变化规律

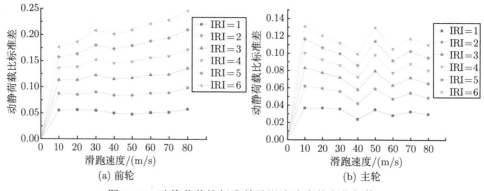

图 3.18　 动静荷载比标准差随滑跑速度的变化规律

由图 3.17～图 3.19 可知：

(1) 前轮和主轮 (左右轮参数的平均值) 动静荷载比均值在不同平整度等级下重合为一条曲线, 说明了动静荷载比均值与道面不平度无关。随着飞机滑跑速度的增大, 升力增大, 动静荷载比均值变小, 动静荷载比均值等于对应速度的飞机在光滑道面滑行时的机轮荷载。

(2) 在道面平整度等级较小时, 不同速度下的动静荷载比标准差基本保持不变。随着道面平整度劣化, 前轮动静荷载比标准差随速度的增加而增大；主轮动静荷载比标准差随速度的变化关系较为复杂, 在 10m/s、50m/s 时标准差较大, 表明该速度下飞机颠簸较为剧烈, 与飞机的固有振型有关。

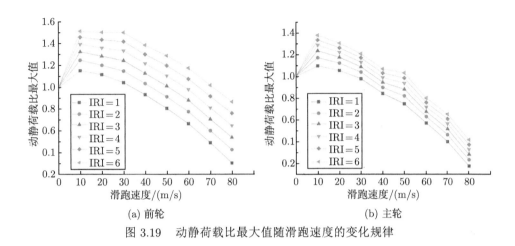

图 3.19　动静荷载比最大值随滑跑速度的变化规律

(3) 飞机在低速滑跑时，前轮和主轮的动载作用均随滑跑速度的增大而增大，之后由于升力的作用，动静荷载比最大值随滑跑速度的增大而减小。

3.3　动载系数的计算公式

为了研究机轮动载在滑跑速度和道面平整度综合作用的影响，这里将 3σ 准则确定的动静荷载比最大值定义为动载系数 DCL，采用 Du 等 [135] 推导的理论公式 (3.29)，分别对 IRI 取值 1~6 时的动载系数进行拟合，可得表 3.7。

$$\mathrm{DCL} = 1 + \alpha\sqrt{v} - \beta\frac{v^2}{83.920^2} \tag{3.29}$$

表 3.7　机型 A 的 α 和 β 回归参数

IRI	前轮			主轮		
	α_{1A}	β_{1A}	R^2	α_{2A}	β_{2A}	R^2
1	0.03345	1.06313	0.99122	0.02219	1.14146	0.99548
2	0.05491	1.13514	0.97920	0.03638	1.22515	0.98852
3	0.07410	1.19920	0.96526	0.04808	1.29354	0.98040
4	0.09136	1.24433	0.94898	0.05828	1.34942	0.97287
5	0.10810	1.28854	0.93564	0.06761	1.39761	0.96318
6	0.12448	1.32601	0.92269	0.07693	1.45069	0.95814

由表 3.7 可得，前轮和主轮动载系数的拟合优度 R^2 最小为 0.9226，且 IRI 越小，拟合关系越好。朱立国 [136] 对国内 23 个机场的 IRI 进行了实测，发现 IRI 取值范围为 1.23~3.28，采用式 (3.29) 计算的机轮动载系数拟合优度 R^2 均大于 0.95，将回归分析得到的 α、β 与 IRI 关系分别绘于图 3.20 和图 3.21。

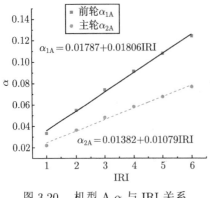
　　图 3.20　机型 A α 与 IRI 关系

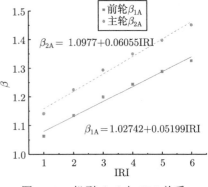
　　图 3.21　机型 A β 与 IRI 关系

　　由图 3.20 与图 3.21 可知，IRI 与 α、β 均表现出良好的线性关系，进而可以采用式 (3.30) 计算不同速度 v 和 IRI 下前轮和主轮的动载系数：

$$\begin{cases} \mathrm{DCL}_{前A} = 1 + (0.01787 + 0.01806\,\mathrm{IRI})\sqrt{v} - (1.02742 + 0.05199\,\mathrm{IRI})\dfrac{v^2}{83.92^2} \\ \mathrm{DCL}_{主A} = 1 + (0.01382 + 0.01079\,\mathrm{IRI})\sqrt{v} - (1.0977 + 0.06055\,\mathrm{IRI})\dfrac{v^2}{83.92^2} \end{cases}$$
$$(3.30)$$

　　仿真只能产生间断的数值，式 (3.30) 为滑跑速度 v 和 IRI 的函数，可以拟合计算动载系数连续值。对函数求极值可以得到各道面等级最不利滑跑速度和动载系数最大值，如表 3.8 所示。

表 3.8　各道面平整度等级下机型 A 的最不利滑跑速度和动载系数最大值

IRI	最不利滑跑速度 /(m/s)		动载系数最大值					
	前轮	主轮	前轮			主轮		
			拟合值	仿真值	误差	拟合值	仿真值	误差
1	15.088	11.186	1.105	1.137	2.90%	1.062	1.091	2.73%
2	19.183	13.777	1.177	1.230	4.50%	1.099	1.163	5.82%
3	22.566	15.928	1.257	1.308	4.06%	1.138	1.173	3.08%
4	25.454	17.764	1.341	1.375	2.53%	1.180	1.218	3.22%
5	27.972	19.363	1.429	1.446	1.19%	1.224	1.321	7.92%
6	30.197	20.772	1.520	1.528	5.26%	1.269	1.367	7.72%

　　由表 3.8 可知，道面平整度等级对动载系数具有显著影响，且前轮和主轮动载系数的最大值均出现在低速滑行时，尤其对于主轮荷载，各道面平整度等级下动载系数最大值均在 75km/h(20.83m/s) 以下。

　　通过比较拟合值和仿真值的误差，采用式 (3.30) 拟合计算得到的机轮动载系数最大值误差控制在 8% 以下，对于低速下飞机滑跑动载系数的拟合效果更好。因此进一步验证了采用式 (3.30) 计算速度和道面不平度作用下的机轮动载系数的合理性。

按照相同的研究方法，对机型 B 不同 v 和 IRI 下前轮和主轮的动载系数进行拟合，可按式 (3.31) 计算：

$$\text{DCL} = 1 + \alpha\sqrt{v} - \beta\frac{v^2}{81.270^2} \tag{3.31}$$

分别对 IRI 取值 $1 \sim 6$ 时的 DCL 进行拟合，得表 3.9，将回归分析得到的 α、β 与 IRI 关系分别绘于图 3.22 和图 3.23。

表 3.9　机型 B 的 α 和 β 回归参数

IRI	前轮			主轮		
	α_1	β_1	R^2	α_2	β_2	R^2
1	0.03505	1.10196	0.98699	0.02459	1.14118	0.99604
2	0.05722	1.18926	0.95690	0.04073	1.22895	0.99133
3	0.07763	1.27217	0.92258	0.05389	1.29632	0.98441
4	0.09699	1.34980	0.88963	0.06536	1.35347	0.97686
5	0.11426	1.40967	0.85198	0.07636	1.40571	0.96819
6	0.13127	1.46577	0.81495	0.08625	1.45105	0.95740

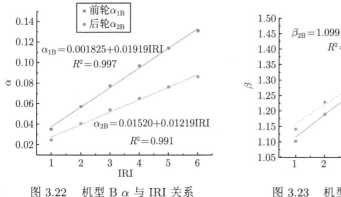

图 3.22　机型 B α 与 IRI 关系

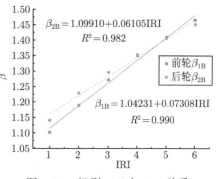

图 3.23　机型 B β 与 IRI 关系

IRI 与 α、β 均表现出良好的线性关系，进而可以采用式 (3.32) 计算不同 v 和 IRI 下前轮和主轮的动载系数：

$$\begin{cases} \text{DCL}_{\text{前B}} = 1 + (0.001825 + 0.01919\text{IRI})\sqrt{v} - (1.04231 + 0.07308\text{IRI})\dfrac{v^2}{81.27^2} \\[2mm] \text{DCL}_{\text{主B}} = 1 + (0.01520 + 0.01219\text{IRI})\sqrt{v} - (1.09910 + 0.06105\text{IRI})\dfrac{v^2}{81.27^2} \end{cases} \tag{3.32}$$

对上述函数求极值可以得到最不利滑跑速度和动载系数最大值，如表 3.10 所示。

表 3.10　机型 B 各道面平整度等级下飞机最不利滑跑速度和动载系数最大值

IRI	最不利滑跑速度 /(m/s)		动载系数最大值					
---	前轮	主轮	前轮			主轮		
			拟合值	仿真值	误差	拟合值	仿真值	误差
1	10.324	11.497	1.051	1.172	11.51%	1.070	1.069	−0.09%
2	15.251	14.201	1.118	1.307	16.91%	1.112	1.138	2.34%
3	19.011	16.441	1.194	1.418	18.76%	1.157	1.201	3.80%
4	22.068	18.352	1.277	1.511	18.32%	1.206	1.258	4.31%
5	24.637	20.014	1.364	1.597	17.08%	1.256	1.309	4.22%
6	26.843	21.478	1.455	1.678	15.33%	1.307	1.360	4.06%

通过比较拟合值和仿真值的误差，采用式 (3.32) 拟合计算得到的机型 B 主机轮动载系数最大值误差控制在 5% 以下，而前轮动载系数最大值误差较大，近 20%，同样对于低速下飞机滑跑动载系数的拟合效果更好。

3.4　跑道纵向飞机不同运行状态下动载系数计算

3.3 节得到了两种机型关于滑跑速度和道面不平度的整机滑跑荷载计算公式，本节将飞机的运动状态分为着陆、单机起飞和双机起飞，分别计算其纵向荷载分布，在全跑道荷载分析时进行了如下简化：

(1) 忽略粗暴着陆对道面的动载作用，将着陆过程看作起飞过程的逆过程；

(2) 起飞着陆全过程始终假设飞机三点滑跑，忽略前轮抬起对道面动载的影响；

(3) 飞机起飞进入跑道到达起飞线前，滑跑速度较慢，假定该过程机轮动载等于飞机静载，起飞过程假设为匀加速直线运动；

(4) 假设飞机着陆过程中先减速 (加速度逐渐减小) 后匀速，最终匀速滑跑驶离跑道。

DCL 计算公式 (3.30) 与式 (3.32) 为其与 v 的关系，要得到跑道纵向 DCL 计算公式，已知速度 v 与时间 t 的关系，还需要知道速度 v 与位移 x 的转换关系，根据物体运动方程式 (3.33)：

$$\begin{cases} v = f(t) \\ x = \int_{t_0}^{t} v \mathrm{d}t = \int_{t_0}^{t} f(t) \mathrm{d}t \\ t = f^{-1}(v) \\ x = \int_{t_0}^{t} v \mathrm{d}t = \int_{t_0}^{t} v \mathrm{d}f^{-1}(v) = g(v) \\ v = g^{-1}(x) \end{cases} \tag{3.33}$$

将 v 与 x 关系式代入 DCL 的计算公式 (3.30) 与式 (3.32)，可以求得机轮动载系数在跑道纵向上的分布规律。

道面设计中由于前轮荷载所占比例较小，通常忽略前轮的荷载，仅考虑主起落架主轮荷载的作用。因此，在计算机轮荷载纵向分布时也仅考虑主起落架主轮荷载。

3.4.1 着陆动载系数计算

假设飞机着陆过程中先减速 (加速度逐渐减小) 后匀速，最终匀速滑跑驶离跑道。由此假设可知，飞机着陆接地后由于刹车制动、放阻力伞等原因，先作加速度逐渐减小的变减速运动，速度减小至滑跑速度后匀速滑出跑道。此过程各点的速度，尤其对于接地瞬间和匀速滑跑开始时间的速度，测试困难，这里根据各机型某两次着陆飞行速度数据平均值进行拟合来表示着陆过程速度变化规律。

1. 机型 A

通过对机型 A 两次着陆速度数据均值拟合可以得到如图 3.24 所示滑跑速度与时间的关系。

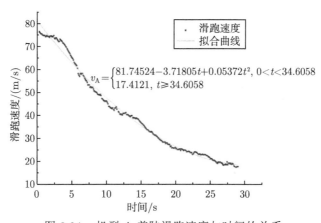

图 3.24　机型 A 着陆滑跑速度与时间的关系

$$v_{\mathrm{A}} = \begin{cases} 81.74524 - 3.71805t + 0.05372t^2, & 0 < t < 34.6058 \\ 17.4121, & t \geqslant 34.6058 \end{cases} \tag{3.34}$$

当 $t{<}34.6058$s 时，采用二次多项式对曲线进行拟合，$R^2{=}99.32$，因此着陆前半段可以认为飞机作加速度逐渐减小的变减速直线运动。当拟合曲线的斜率为 0 时 $(t = 34.6058$s 后)，飞机保持拟合末速度 $v_{\mathrm{A}0} = 17.4121$m/s 进行匀速直线运动。

对式 (3.34) 前半段变减速直线运动方程求积分可得位移与时间的关系, 如式 (3.35) 所示:

$$x_A = \int_0^t v\mathrm{d}t = \int_0^t 81.74524 - 3.71805t + 0.05372t^2 \mathrm{d}t = 81.74524t - 1.85903t^2 + 0.01791t^3$$

(3.35)

可以将位移 x_A 看作关于 t 的一元三次方程, 采用卡丹公式进行求解。

对于一般的一元三次方程 $ax^3 + bx^2 + cx + d = 0 (a \neq 0)$, 将两端除以 a, 并设 $x = y - \dfrac{b}{3a}$, 该式可化简为 $y^3 + py + q = 0$ 的特殊形式, 其中, $p = \dfrac{3ac - b^2}{3a^2}$, $q = \dfrac{27a^2d - 9abc + 2b^3}{27a^3}$, 则方程的解如式 (3.36) 所示:

$$\begin{cases} x_1 = \sqrt[3]{-\dfrac{q}{2} + \sqrt{\left(\dfrac{q}{2}\right)^2 + \left(\dfrac{p}{3}\right)^3}} + \sqrt[3]{-\dfrac{q}{2} - \sqrt{\left(\dfrac{q}{2}\right)^2 + \left(\dfrac{p}{3}\right)^3}} \\ x_2 = \omega\sqrt[3]{-\dfrac{q}{2} + \sqrt{\left(\dfrac{q}{2}\right)^2 + \left(\dfrac{p}{3}\right)^3}} + \omega^2\sqrt[3]{-\dfrac{q}{2} - \sqrt{\left(\dfrac{q}{2}\right)^2 + \left(\dfrac{p}{3}\right)^3}} \\ x_3 = \omega^2\sqrt[3]{-\dfrac{q}{2} + \sqrt{\left(\dfrac{q}{2}\right)^2 + \left(\dfrac{p}{3}\right)^3}} + \omega\sqrt[3]{-\dfrac{q}{2} - \sqrt{\left(\dfrac{q}{2}\right)^2 + \left(\dfrac{p}{3}\right)^3}} \end{cases}$$

(3.36)

式中, $\omega = -\dfrac{1}{2} + \dfrac{\sqrt{3}}{2}\mathrm{i}$。此处 $0.01791t^3 - 1.85903t^2 + 81.74524t - x = 0$, 该式除以 0.01791, 并令 $t = y + \dfrac{1.85903}{3 \times 0.01791}$, 该式可化简为 $y^3 + py + q = 0$, 其中

$$p = \frac{3 \times 0.01791 \times 81.74524 - 1.85903^2}{3 \times 0.01791^2} = 990.8156$$

$$q = \frac{-27 \times 0.01791^2 x + 9 \times 0.01791 \times 1.85903 \times 81.74524 + 2 \times 1.85903^3}{27 \times 0.01791^3}$$

$$= -55.8347x + 75324.0642$$

判别式 $\Delta = \left(\dfrac{q}{2}\right)^2 + \left(\dfrac{p}{3}\right)^3$, 已知 $p > 0$。

当 $x \in (0, 1266.503)$ 时, $q > 0$, 即 $\Delta > 0$, 方程有一个实根和两个复根, 见图 3.25 和式 (3.37)。

$$y = \sqrt[3]{-\frac{q}{2} + \sqrt{\left(\frac{q}{2}\right)^2 + \left(\frac{p}{3}\right)^3}} + \sqrt[3]{-\frac{q}{2} - \sqrt{\left(\frac{q}{2}\right)^2 + \left(\frac{p}{3}\right)^3}} = t - \frac{1.85903}{3 \times 0.01791}$$

(3.37)

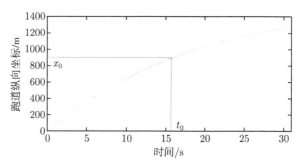

图 3.25　一元三次方程实根 (当 x 取值为 x_0 与相应 t_0 值)

将 t 与 x_A 的关系式代入 v_A 与 t 的关系式，可以得到 v_A 与 x_A 的转换关系。再将 v_A 与 x_A 的关系式代入动载系数计算公式中，可以得到机型 A 主轮的着陆动载系数在跑道纵向的分布规律 (两端对称着陆)，如图 3.26 所示。

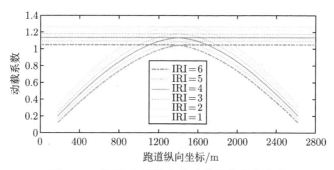

图 3.26　机型 A 着陆主轮动载系数纵向分布

2. 机型 B

同理，对机型 B 两次着陆速度均值进行拟合可以得到如图 3.27 所示的滑跑速度与时间的关系。

$$v_B = \begin{cases} 80.42794 - 3.56084t + 0.04973t^2, & 0 < t < 35.8017 \\ 16.6858, & t \geqslant 35.8017 \end{cases} \quad (3.38)$$

当 $t < 35.8017$s 时，采用二次多项式对曲线进行拟合，$R^2 = 99.26$，着陆前半段可以认为飞机作加速度逐渐减小的变减速直线运动，当 $t \geqslant 35.8017$s 时，飞机保持拟合末速度 $v_{B0} = 16.6858$m/s 不变作匀速直线运动。

对式 (3.38) 前半段变减速直线运动方程求积分可得位移与时间的关系，如

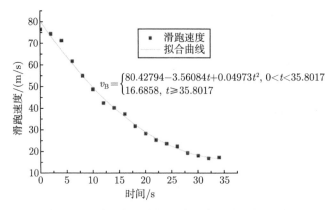

图 3.27　机型 B 着陆滑跑速度与时间的关系

式 (3.39) 所示:

$$x_A = \int_0^t v\,\mathrm{d}t = \int_0^t 80.42794 - 3.56084t + 0.04973t^2\,\mathrm{d}t = 80.42794t - 1.78042t + 0.01658t^2$$

$$(3.39)$$

同样, 将 t 与 x_B 的关系式代入 v_B 与 t 的关系式, 可以得到 v_B 与 x_B 的转换关系。再将 v_B 与 x_B 的关系式代入动载系数计算公式中, 可以得到机型 B 着陆主轮动载系数在跑道纵向的分布规律, 如图 3.28 所示。

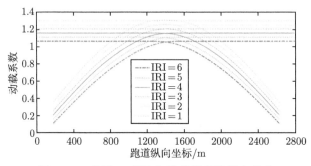

图 3.28　机型 B 着陆主轮动载系数纵向分布

3.4.2　单机起飞动载系数计算

军用机场不同训练科目的要求不同, 起飞时飞机发动机状态可分为加力和不加力两种, 全加力状态下飞机的起飞滑跑距离很短, 有些机型的极限起飞距离甚至不足 500m, 而飞机的起飞质量、气象条件、飞行员状态等因素也会影响起飞滑跑距离, 导致跑道纵向同一位置不同架次飞机的滑跑速度相差较大。式 (3.30) 和式 (3.32) 计算机轮动载系数时需要获取道面不同位置的速度信息,而速度在不同起飞架次之间存在差异，即道面纵向上同一截面处通行的飞机会有多个速度，这使该位置处的机轮动载系数对应多个数值，但设计中仅关注最大机轮荷载。假定起飞过程为匀加速直线运动，通过交通量的纵向通行因子计算公式可以得到飞机的最大和最小滑跑距离，结合飞机的起飞初始速度、离地速度，由运动学方程可以求得纵向各截面的最大、最小加速度，起飞过程匀加速直线运动假设分别可以求得各截面的最大、最小速度，机轮动载系数关于 IRI 与 v 的关系均是先增大后减小，根据动载系数达到极值的速度 (表 3.8、表 3.10) 进行划分，可以计算道面纵向不同位置的动载系数。

1. 机型 A

飞机起飞前在起飞线处，刹车状态下加大发动机转速，当发动机达到一定转速时，松开刹车飞机进入起飞滑跑阶段。由上述过程可知飞机起飞点处的初速度并不是 0，但此时的速度难以测量。在此，根据机型 A 多架次起飞速度数据可知，起飞初始平均速度 $v_{0A} = 12.892 \text{m/s}$，离地平均速度为 $v_{qA} = 83.920 \text{m/s}$，由单机起飞交通量纵向通行因子计算公式 (2.28)，可以求得机型 A 单机起飞最小起飞距离为 657.70m，最大起飞距离为 1145.88m，对应的匀加速运动最大和最小加速度分别为 5.228m/s^2 和 3.001m/s^2。根据匀加速直线运动位移、速度与加速度之间的转换关系可得：$v_{\max A}^2 = 10.456x + 166.204$，$v_{\min A}^2 = 6.002x + 166.204$。

例如，IRI 等于 3 时，主轮最不利滑跑速度为 15.928m/s，最大和最小加速度下的滑跑距离分别为 8.37m 和 14.58m，各截面处最大动载系数，如表 3.11 中式 (3.42) 所示。

按照相同的研究方法分别计算机型 A 单机起飞 IRI $= 1 \sim 6$ 时的主轮动载系数在跑道纵向的分布规律，结果汇总于表 3.11，全跑道对称起飞时不同道面平整度等级下的主轮动载系数纵向分布如图 3.29 所示。

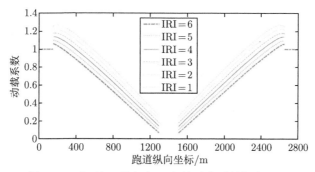

图 3.29　机型 A 单机起飞主轮动载系数纵向分布

表 3.11 不同道面平整度等级下机型 A 动载系数计算公式

IRI	最不利滑跑速度/(m/s)	动载系数计算公式	
1	11.186	$DCL_{A单}=1+(0.01382+0.01079\times1)\sqrt[4]{6.002x+166.204}-(1.0977+0.06055\times1)\dfrac{6.002x+166.204}{83.92^2}$	(3.40)
2	13.777	$DCL_{A单}=\begin{cases}1+(0.01382+0.01079\times2)\sqrt[4]{10.456x+166.204}-(1.0977+0.06055\times2)\dfrac{10.456x+166.204}{83.92^2} & 150\leqslant x<152.26 \\ 1.099 & 152.26\leqslant x<153.93 \\ 1+(0.01382+0.01079\times2)\sqrt[4]{6.002x+166.204}-(1.0977+0.06055\times2)\dfrac{6.002x+166.204}{83.92^2} & 153.93\leqslant x<1145.88\end{cases}$	(3.41)
3	15.928	$DCL_{A单}=\begin{cases}1+(0.01382+0.01079\times3)\sqrt[4]{10.456x+166.204}-(1.0977+0.06055\times3)\dfrac{10.456x+166.204}{83.92^2} & 150\leqslant x<158.37 \\ 1.138 & 158.37\leqslant x<164.58 \\ 1+(0.01382+0.01079\times3)\sqrt[4]{6.002x+166.204}-(1.0977+0.06055\times3)\dfrac{6.002x+166.204}{83.92^2} & 164.58\leqslant x<1145.88\end{cases}$	(3.42)
4	17.764	$DCL_{A单}=\begin{cases}1+(0.01382+0.01079\times4)\sqrt[4]{10.456x+166.204}-(1.0977+0.06055\times4)\dfrac{10.456x+166.204}{83.92^2} & 150\leqslant x<164.28 \\ 1.180 & 164.28\leqslant x<174.88 \\ 1+(0.01382+0.01079\times4)\sqrt[4]{6.002x+166.204}-(1.0977+0.06055\times4)\dfrac{6.002x+166.204}{83.92^2} & 174.88\leqslant x<1145.88\end{cases}$	(3.43)
5	19.363	$DCL_{A单}=\begin{cases}1+(0.01382+0.01079\times5)\sqrt[4]{10.456x+166.204}-(1.0977+0.06055\times5)\dfrac{10.456x+166.204}{83.92^2} & 150\leqslant x<169.96 \\ 1.224 & 169.96\leqslant x<184.78 \\ 1+(0.01382+0.01079\times5)\sqrt[4]{6.002x+166.204}-(1.0977+0.06055\times5)\dfrac{6.002x+166.204}{83.92^2} & 184.78\leqslant x<1145.88\end{cases}$	(3.44)
6	20.772	$DCL_{A单}=\begin{cases}1+(0.01382+0.01079\times6)\sqrt[4]{10.456x+166.204}-(1.0977+0.06055\times6)\dfrac{10.456x+166.204}{83.92^2} & 150\leqslant x<175.37 \\ 1.224 & 175.37\leqslant x<194.20 \\ 1+(0.01382+0.01079\times6)\sqrt[4]{6.002x+166.204}-(1.0977+0.06055\times6)\dfrac{6.002x+166.204}{83.92^2} & 194.20\leqslant x<1145.88\end{cases}$	(3.45)

注: x 为距跑道道端的距离。

根据 3.4 节简化条件 (3)，飞机起飞进入跑道滑行至起飞线前，滑跑速度较小，机轮动载近似等于静载，图中跑道两端至起飞线前的动载系数恒等于 1。飞机在起飞线起飞时，刹车状态下发动机达到一定转速后松开刹车，此时飞机有一定的初速度，由图 3.29 可知，随着滑跑距离的增加，动载系数先增大后减小 (IRI=1 时除外，最不利滑跑速度小于单机起飞初始速度)，飞机达到离地速度时，动载突变为 0。

2. 机型 B

根据多架次机型 B 飞行参数数据可知，起飞初始速度 $v_{0B} = 14.5\mathrm{m/s}$，离地速度为 $v_{qB} = 81.270\mathrm{m/s}$，由单机起飞交通量纵向通行因子计算公式 (2.29)，可以求得机型 B 单机起飞最小起飞距离为 534.47m，最大起飞距离为 913.91m，对应的最大和最小加速度分别为 $5.983\mathrm{m/s^2}$ 和 $3.499\mathrm{m/s^2}$。根据匀加速直线运动位移、速度与加速度之间的转换关系可得：$v_{\max B单}^2 = 11.965x + 209.641$，$v_{\min B单}^2 = 6.998x + 209.641$。

按照与机型 A 单机起飞相同的研究方法分别计算机型 B 单机起飞 IRI $= 1 \sim 6$ 时的主轮动载系数在跑道纵向的分布规律，全跑道对称起飞时不同道面平整度等级下的主轮动载系数纵向分布如图 3.30 所示。

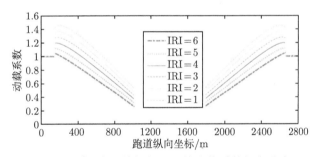

图 3.30　机型 B 单机起飞主轮动载系数纵向分布

3.4.3　双机起飞动载系数计算

1. 机型 A

假定双机起飞初始速度与离地速度均与单机起飞相同，机型 A 起飞初始速度为 $v_{0A} = 12.892\mathrm{m/s}$，离地速度为 $v_{qA} = 83.920\mathrm{m/s}$，由双机起飞交通量纵向通行因子计算公式 (2.30)，可以求得机型 A 双机起飞最小起飞距离为 698.48m，最大起飞距离为 1196.30m，对应的最大和最小加速度分别为 $4.922\mathrm{m/s^2}$ 和 $2.874\mathrm{m/s^2}$。根据匀加速直线运动位移、速度与加速度之间的转换关系可得：$v_{\max A双}^2 = 9.845x + 166.204$，$v_{\min A双}^2 = 5.748x + 166.204$。

按照与单机起飞相同的研究方法分别计算机型 A 双机起飞 IRI = 1 ~ 6 时的主轮动载系数在跑道纵向的分布规律, 全跑道对称起飞时不同道面平整度等级下的主轮动载系数纵向分布如图 3.31 所示。

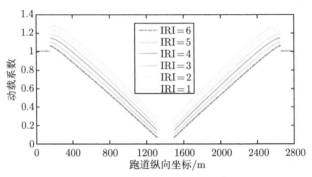

图 3.31　机型 A 双机起飞主轮动载系数纵向分布

与单机起飞相同, 飞机起飞进入跑道滑行至起飞线前, 滑跑速度较小, 机轮动载近似等于静载。飞机在起飞线起飞时, 有一定的初速度, 随着滑跑距离的增加, 动载系数先增大后减小, 飞机达到离地速度时, 动载突变为 0。但由于双机起飞的距离较长, 作用于道面的荷载分布较广。

2. 机型 B

机型 B 双机起飞初始速度 $v_{0B} = 14.479\text{m/s}$, 离地速度为 $v_{qB} = 81.270\text{m/s}$, 由双机起飞交通量纵向通行因子计算公式 (2.31), 可以求得机型 B 双机起飞最小起飞距离为 604.01m, 最大起飞距离为 987.96m, 对应的最大和最小加速度分别为 5.294m/s² 和 3.237m/s²。根据匀加速直线运动位移、速度与加速度之间的转换关系可得: $v_{\max B 双}^2 = 10.588x + 209.64$, $v_{\min B 双}^2 = 6.473x + 209.64$。

按照与机型 A 双机起飞相同的研究方法分别计算机型 B 双机起飞 IRI = 1 ~ 6 时的主轮动载系数在跑道纵向的分布规律, 全跑道对称起飞时不同道面平整度等级下的主轮动载系数纵向分布如图 3.32 所示。

3.5　本 章 小 结

基于变采样频率的滤波白噪声法和 1/4 车辆模型, 采用 SIMULINK 工具箱仿真拟合得到了功率谱密度 PSD 与国际平整度指数 IRI 的转换关系; 考虑飞机的升力、上下颠簸、侧倾和俯仰运动, 受力分析得到了六自由度整机滑跑动力学方程, 同样采用 SIMULINK 工具箱对动力学方程进行求解, 研究了不同道面平整度和不同滑跑速度下机轮动载系数的变化规律, 主要得到如下结论:

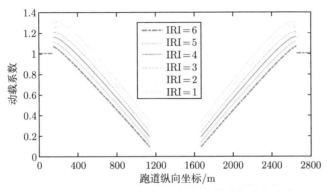

图 3.32　机型 B 双机起飞主轮动载系数纵向分布

(1) 采用滤波白噪声法生成道面不平度时，假设道面不平度服从均值为 0 的高斯随机过程，前轮和主轮动静荷载比均值在不同平整度等级下重合为一条曲线，动载均值与道面的不平度无关。随着滑跑速度的增大，升力增大，动静荷载比均值减小，动静荷载比均值等于对应速度的飞机在光滑道面滑行时的机轮荷载比。同一滑跑速度下，道面平整度越差，动静荷载比标准差和动静荷载比最大值越大，并且近似呈线性关系增长。飞机在低速滑跑时，动载作用随滑跑速度的增大而增大，之后由于升力的作用，动静荷载比最大值随滑跑的增大而减小。

(2) 通过对仿真结果的拟合得到两种机型关于速度 v 和国际平整度指数 IRI 的机轮动载系数计算公式，并对函数求极值得到了不同道面平整度等级下最不利滑跑速度和动载系数的最大值。

(3) 利用对两型飞机运动方程的拟合和仿真得到的关于速度和不平度的机轮动载系数计算公式，分别计算了着陆、单机起飞和双机起飞三种运动状态下机轮动载系数在跑道纵向的分布规律。

第 4 章　水泥混凝土道面结构响应力学模型与计算

第 3 章通过整机滑跑动力学模型，得到了着陆、单机起飞和双机起飞等不同运行状态下跑道纵向的机轮动载系数分布，在此基础上要实现道面的响应分析，需要构建道面结构响应计算模型。我国《军用机场水泥混凝土道面设计规范》GJB 1278A—2009 中的荷载简化计算公式就是在九块板的多层实体有限元模型的基础上，经过多元非线性回归得到的，而 FAA 将 NIKE 3D 有限元模型内置于计算软件 FAARFIELD 中，通过 INGRID 命令直接调用，可以很方便地求解不同机型作用下道面板的结构响应。有限元法已成为道面结构响应计算的强有力工具。

累积损伤曲线设计方法计算道面允许作用次数时，仅考虑了最不利荷载点位 (一般为纵缝中点)，但由于交通量平面分布的影响，某一截面的交通量最大值 (如双机起飞) 可能不在最不利荷载点位处，而在板中部的某个位置，为了计算道面各点的累积损伤，需要计算机轮荷载作用于道面各点的最大拉应力，进而反算道面各点的允许作用次数。本章首先采用 ABAQUS 软件建立单块板道面有限元模型，分析单元类型、网格划分、基层扩大尺寸以及接触条件等因素对有限元模型求解效率和精度的影响；然后采用虚拟材料和弹簧单元两种模拟接缝传荷的方法建立双块板模型，研究两种接缝传荷定量关系，比较各自的优缺点；在双块板模型的基础上建立双层九块板和单层九块板有限元模型，并选用弹性地基单层九块板道面有限元模型与 MATLAB 联合仿真实现道面各点板底最大拉应力的快速计算，通过现场静载试验验证模型用于道面损伤计算的合理性。

4.1　道面结构响应力学模型

道面响应分析是道面设计的理论基础，人们一直致力于解决荷载作用下道面结构的响应问题。由于水泥混凝土道面结构是一个复杂的体系，面层由数块矩形板通过各种样式的接缝拼接而成，基层为水平方向面积较大的多层层状结构，支承在无限大、无限深的地基上，如图 4.1 所示，加之各结构层材料特性不同，在计算荷载作用下的结构内力时往往遇到力学、数学上的困难，许多问题至今仍在探索中。建立一个可以考虑道面结构所有力学特征的模型几乎是难以实现的，会造成问题难以求解且无法满足现阶段道面设计的使用要求。因此，各国学者试图采用某些假设，忽略某些因素，使道面结构模型尽量简化，从而获得问题的理论解，再通过各种实验手段对理论结果加以修正，使理论解与实际统一，再采用修正过的理论解指导道面工程实践。

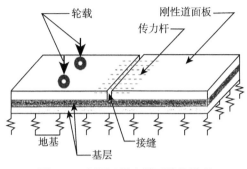

图 4.1　水泥混凝土道面结构模型

4.1.1　道面模型

为了数学、力学上求解方便，道面板的力学模型经历了从最初水平方向假定为无限大板到半无限大板，圆板，有限尺寸矩形板 (四边简支、四边固支、四边自由)，垂直方向假定为膜、壳、薄板、中厚板、厚板等一个复杂的过程，随着有限元技术的发展，建立并求解更加符合道面实际的力学模型，如层数上可以考虑单层板、双层板、多层板等，板的数量上考虑单块板、双块板甚至九块板等已不再是难事，道面力学模型从二维向三维发展。应用最广的还是小挠度薄板模型，随着重载交通的发展，厚板模型也开始越来越受重视。

1. 小挠度薄板模型

小挠度薄板模型中，小挠度薄板指板在机轮荷载作用下的挠度与板厚相比是一个微小量，其基本假设是：①原垂直于板中面的线段仍垂直于变形后的中面；②垂直于中面的正应力远小于平行于中面的应力分量，故可以忽略；③在垂直于板中面的载荷作用下发生弯曲时，板中不受拉伸。其中①和③称为基尔霍夫假设。水泥混凝土道面的实际情况一般符合小挠度薄板基本假设，因此在道面力学中得到了广泛应用。

2. 厚板模型

厚板模型中，板厚用 δ 表示，板宽为 a、b，假如板的最小特征尺寸为 b，一般认为：如果 $\delta/b \geqslant 1/5$，称为厚板；如果 $\delta/b \leqslant 1/80$，称为膜板；如果 $1/80 < \delta/b < 1/5$，称为薄板。特别是当板较厚，而板上荷载又集中在一个较小的面积上时，薄板理论中忽视板中垂直于板面的应力–应变假设以及板的法线在弯曲后仍为直线的假设就很难成立，此时必须采用厚板理论，把板作为三维弹性体系来考虑。

4.1.2 地基模型

由于板与地基共同工作承担起落架荷载的作用，要计算板的内力，就需要建立板底反力和地基变形之间的关系，所谓的地基模型即是地基变形与压力的关系，反映了地基的应力–应变特征以及板与地基相互作用时的力学性状。学术界已提出众多的地基模型，但由于问题的复杂性，很难找到一种既能反映地基的实际工作性状又便于计算和应用的理想地基模型。有代表性的地基模型主要有弹性地基模型和多层弹性地基模型。前者包括 Winkler 地基模型、弹性半空间体地基模型以及它们的改进模型等。后者由 Burmister 提出，在柔性道面中得到了广泛应用。由于刚性道面是有限尺寸的矩形板，求解遇到困难，直到有限元技术的发展，多层弹性地基模型才在刚性道面力学响应分析中得到应用。

1. Winkler 地基模型

Winkler 地基模型也称稠密液体地基模型，由 Winkler 提出，基本假定是地基上任一点的弯沉 w 仅与作用于该点的压力 p 成正比，而与相邻点处的压力无关。Winkler 地基模型相当于互不联系的弹簧系统，忽略地基的横向联结作用，其计算位移比实际位移偏小，导致道面板底应力计算结果偏大，但其模型涉及的参数少且易于求解，因此得到了广泛的应用，Westergaard 板底应力计算解析式就是基于 Winkler 地基模型推导出来的。

2. 弹性半空间体地基模型

弹性半空间体地基模型 (有时也称 Boussinesq 模型) 的基本假定是地基可看作均质弹性的半无限连续介质，地基顶面任一点的挠度不仅与作用于该点的压力有关，也与顶面其他点上的压力有关。弹性半空间体地基模型考虑了地基中剪切作用的影响，相比 Winkler 地基模型更加符合地基的实际情况，Winkler 地基模型的基本方程为微分方程，而弹性半空间体地基模型的基本方程是积分方程或微积分方程，从而使模型的解法变得更加复杂。弹性半空间体地基模型具有应力和变形扩散能力，但其把地基看作连续、均质的半无限弹性体，高估了地基的横向联结作用，导致道面板底应力计算结果偏小。

3. 多层弹性地基模型

多层弹性地基模型中，弹性层状体系是由若干个弹性层组成，各层为水平方向无限大的等厚度层，材料为均质、忽略自重、各向同性的线弹性体，以弹性模量 E_i 和泊松比 μ_i 表征其弹性性质，最下一层为弹性半空间体，各层间接触可以是完全连续、完全光滑或介于两者之间的状态，如图 4.2 所示。

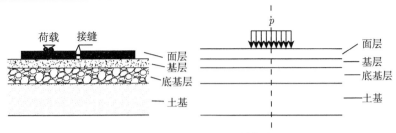

图 4.2　多层弹性地基模型

多层弹性地基模型较上述模型更加符合道面结构的实际情况，当多层弹性地基层数为一层时，即为弹性半空间体地基模型。由于多层弹性地基模型涉及的变量很多，很难导出板内应力的数学解析式，因此应用较少，但随着有限元和计算机的发展，多层弹性地基模型得到进一步地发展和应用，美国道面设计软件 FAARFIELD 即采用了基于多层弹性地基模型的有限元模型，可以同时供柔性道面和刚性道面设计使用。

4.1.3　界面接触

道面结构本身是一个层状结构，内部各层之间的接触状态对道面结构承载力影响较大。道面结构的界面接触模型都是假定层与层之间在竖向没有空隙、完全紧密接触，并且在受载过程中不发生分离，即各层的竖向位移和法向应力是连续的，在水平方向分三种情况：完全连续，即层面间的各项位移和应力完全连续；完全光滑，即层间无摩擦阻力，可以相对滑移，接触面上的竖向位移和法向应力连续；介于两者之间的状态，即上下两层的接触面之间允许滑动，有水平摩擦力。道面结构界面接触实际上可能比这个更复杂，各层之间不仅有滑动，在垂直方向由于施工已不完全紧密接触，再加上环境因素如湿度和温度梯度造成局部脱空，接触界面在荷载作用下可能会部分分离。

Winkler 地基板以及弹性半空间体地基板都假设道面板与地基完全光滑接触，没有摩擦阻力，垂直方向始终不分离。相比 Winkler 地基板以及弹性半空间体地基板，多层弹性地基板借助有限元技术可以考虑较为复杂的情况 (壳牌国际石油公司开发的 BISAR 程序可以求解层间完全连续、完全光滑和部分摩擦阻力等复杂的情况)。国内基于弹性半空间体地基板的刚性道面设计假定道面与基层完全光滑，柔性道面设计假定道面与基层完全连续接触，与路面的实际工作状态有较大不同，还需要改进。

4.2　道面结构响应求解

弹性地基板承受局部荷载作用时的结构响应分析，可以采用解析方法和数值分析方法。前者可以得到比较精确的理论解，但对数学依赖性较大，只能求得少数解析解；后者为近似解，但可以考虑复杂的荷载情况、边界条件和材料性质。

4.2.1　解析方法

1. Winkler 地基板

在 Winkler 地基板的解析解中最具影响力的是 Westergaard 解，其假设地基为稠密液体地基，道面板为基尔霍夫小挠度薄板，在水平方向无限大，板与地基水平方向完全光滑，竖向连续接触，不计自重。Westergaard 给出了圆形均布垂直荷载作用于板边、板中以及板角时的最大挠度和应力计算表达式，后来又根据阿灵顿试验进行过多次修正。其他学者也丰富和发展了 Westergaard 的理论，使得 Westergaard 公式广为应用。

Westergaard 解析解主要存在以下不足：

第一，只能计算单轮作用于板中、板边和板角三处的应力和弯矩；

第二，由于采用 Winkler 地基，荷载作用区域只能延伸到道面板边缘；

第三，假定层间完全滑动接触，忽视了板中水平面上的剪切应力和摩擦力；

第四，假定板水平方向无限大，不能考虑接缝传荷和板边效应。

2. 弹性半空间体地基板

弹性半空间体地基板假设地基为弹性固体地基，道面板为基尔霍夫小挠度薄板，在水平方向无限大，板与地基水平方向完全光滑，竖向连续接触，不计自重。弹性半空间体地基板没有板边加载的理论解，只有板中加载时 (轴对称问题) 的理论解。

弹性半空间体地基板改善了 Winkler 地基板 Westergaard 解析解 (后文简称 Winkler 地基板解析解) 的第二点不足，其地基模型能更好地反映地基的实际工作状态。但其求解过程较为复杂，受制于数学、力学的发展，只给出了板中受载的解析解，较 Winkler 地基板解析解的第一点不足更甚，且 Winkler 地基板解析解的第三、四点不足，弹性半空间体地基板一样存在。

3. 多层弹性地基板

多层弹性地基板假设地基为弹性层状体系，道面板与基层均为水平方向无限大的等厚层，各层之间水平方向或完全光滑或完全连续或介于两者之间，竖向连续接触，不计自重。

多层弹性地基板在弹性半空间体的基础上发展而来，同样改善了 Winkler 地基板解析解的第二点不足，改善了 Winkler 地基板和弹性半空间体地基板解析解的第三点不足，但求解过程更复杂，较之弹性半空间体地基板解析解的第一点不足更甚，且 Winkler 地基板和弹性半空间体地基板解析解的第四点不足仍存在。Winkler 地基板、弹性半空间体地基板、多层弹性地基板解析解的比较如表 4.1 所示。

表 4.1 刚性道面结构响应分析解析法对比

模型	地基	基层	道面板	接缝	接触	解析解
Winkler 地基	稠密液体地基		无限薄板	不考虑	光滑	板中、板边、板角
弹性半空间体地基	弹性固体地基		无限薄板	不考虑	光滑	板中
多层弹性地基	水平方向无限大的连续等厚弹性层			不考虑	光滑、连续或中间状态	极少数解

4.2.2 数值分析方法

数值分析方法有很多,包括有限元法、边界元法、离散元法、拉格朗日元法、无界元法等,有限元法、离散元法在道面结构力学分析中都有应用,其中有限元法应用最广。实践证明,有限元法是求解道面结构响应问题行之有效的方法,解除了道面结构响应分析在数学、力学上的束缚,从而得到了广泛应用和迅速发展,采用有限元法分析道面结构响应的主要优势如下:

(1) 改善了解析法只能计算板中、板边和板角等特殊位置的应力情况,可以考虑圆形均布荷载、矩形均布荷载等各种载荷情况,可以求解复杂起落架作用下的结构响应,而不限于单轮荷载;

(2) 可以采用 Winkler 地基、弹性半空间体地基、多层弹性地基以及改进的介于 Winkler 地基与弹性半空间体地基之间的地基模型,对未来新的地基模型也可以应用,使地基模型更加接近其实际工作情况;

(3) 层间接触在水平方向可以考虑完全光滑、完全连续或两者的中间状态,竖向可以考虑板和地基脱空、在荷载作用下发生部分分离等;

(4) 可以考虑板的实际边界条件,建立各种接缝模型,按板块的实际大小求解固支、简支或四边自由的矩形板、圆板等,消除无限大板的假设带来的误差;

(5) 解得的结果是整个道面结构的位移场和应力场,可以更全面地分析道面结构的受荷情况,不再局限于只掌握板底的应力分布情况。

二维有限元模型采用可以考虑平动和转动的梁单元模拟接缝的荷载传递能力,道面板与基层均被假设为薄板,因而具有一定的局限性,如无法确定应力沿板厚的分布状况、无法模拟各结构层的复杂接触条件等。经过多年的不断改进和修正,刚性道面结构有限元模型经历了从简单到复杂、从二维到三维的发展过程,如图 4.3 所示。

一方面,随着道面力学的发展,对刚性道面结构有限元模型的认识逐步深化;另一方面,随着计算机水平的提高,许多复杂模型可以进行顺利求解。因此,道面力学模型考虑单层板、双层板、多层板以及单块板、双块板甚至九块板等三维实体板不再是难事,地基模型可以考虑比 Winkler 地基以及弹性半空间体地基更符合道面结构实际的多层弹性地基,层间接触允许各层之间在

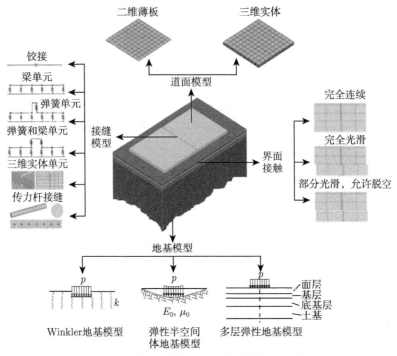

图 4.3　刚性道面结构有限元模型的发展历程

摩擦阻力下滑动、在荷载作用下竖向部分分离等，接缝模型可以考虑三维实体接缝如假缝、传力杆缝等，有限元模型将越来越接近刚性道面结构的实际工作状态。

4.3　单块板模型

本节通过单块板模型，研究单轮荷载作用于不同单元类型、网格划分尺寸、基层扩大尺寸和层间接触条件的道面有限元模型计算效率、计算精度以及所占内存大小，选取精度与效率兼顾的单元类型、网格划分尺寸、基层扩大尺寸和层间接触条件。单块板有限元模型采用弹性层状体系，对面层、基层和底基层分别进行实体建模，并采用 ABAQUS 的 Interaction 模块 "Elastic Foundation" 来模拟地基。

4.3.1　单元类型的选取

ABAQUS 中内置的单元类型多达 400 多种，在道面结构多层弹性层状体系有限元模型建模过程中，主要用到的单元类型为实体单元，且一般采用 "砖形"

六面体单元。六面体单元按照节点数的不同，可以分为 8 节点实体单元 (C3D8、C3D8R、C3D8I) 和 20 节点实体单元 (C3D20、C3D20R)。

按照表 4.2 所示的各结构层参数建立如图 4.4 所示的有限元模型，荷载为机型 A 机轮荷载，计算参数如表 4.3 所示，作用于板边中点。道面板与基层之间水平方向设置摩擦接触，垂直方向采用默认的 "hard" 接触，基层与底基层之间采用 "Tie" 连接，土基采用 "Elastic Foundation" 单元。网格初步划分按水平方向是否受力分为受荷区和未受荷区两部分区域，按照受荷区加密、未受荷区均匀划分的原则划分，厚度方向采用 2、4、6 个单元分别计算 5 种单元下的道面响应，记录板底最大拉应力，CPU 耗时及结果文件 (OBD) 内存大小，结果如表 4.4 所示。

表 4.2　各结构层有限元计算参数 (单块板模型)

	混凝土板		基层		底基层		土基	
板尺寸/(m×m)	厚度/m	模量/MPa	厚度/m	模量/MPa	厚度/m	模量/MPa	厚度/m	模量/MPa
5×5	0.25	33000	0.20	1200	0.3	300	4	40

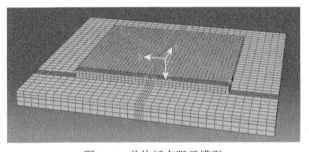

图 4.4　单块板有限元模型

表 4.3　机型 A 机轮荷载计算参数

轴型	轮印面积/mm^2	轮印宽度/mm	轮印长度/mm	静载胎压/MPa
单轮	883.95	247	358	0.928

表 4.4　单块板模型不同单元应力计算成本

项目	厚度方向单元个数	单元类型				
		C3D8	C3D8R	C3D8I	C3D20	C3D20R
应力计算结果/MPa		2.294	2.100	2.656	2.854	2.820
CPU 耗时/s	2	65.200	56.300	75.100	282.40	232.70
内存/MB		9.658	3.605	9.696	18.243	11.202
应力计算结果/MPa		2.530	2.139	2.780	2.931	2.893
CPU 耗时/s	4	84.100	74.300	96.400	440.90	421.00
内存/MB		13.159	4.472	13.160	29.831	18.641
应力计算结果/MPa		2.657	2.329	2.824	2.946	2.944
CPU 耗时/s	6	125.30	102.30	145.90	954.40	923.00
内存/MB		16.623	5.337	16.618	41.429	20.308

完全积分单元 (C3D8、C3D20) 用于道面工程时，道面板承受弯拉作用，易发生剪力自锁，导致不收敛的现象，网格很密的条件下，计算结果精度仍较低。线性缩减积分单元 (C3D8R) 在网格不足够密的条件下，易发生沙漏现象，导致计算结果偏差小，可以通过细化网格来有效地限制"沙漏"，但网格划分过密，又会带来计算时间成本高等问题。二次缩减积分单元 (C3D20R) 网格较密的条件下一般不容易出现沙漏，计算精度较高，但与 C3D20 同属 Serendipity 单元，无法用于接触分析，不能反映道面层间接触状态，且相比于一阶单元，计算时间成本较大。非协调单元 (C3D8I) 在很短的时间内可以得到较为精确的结果，对于单块板的计算结果，与 20 节点单元相比，得到的应力误差均小于 7%，而储存空间节省 15% 以上，计算效率提高 4 倍以上，可通过进一步增加网格密度，达到与二阶积分单元更为接近的仿真结果。因此，本书选用的单元类型为 C3D8I。

4.3.2 网格划分

1. 面层网格划分

在前面分析过程中，采用过渡加密单元不容易控制单元的宽高比，有限元计算软件 EverFE2.45 中规定单元宽高比应小于 5，单元不能过于细长，将模型按照荷载区域作用范围和板边界对模型剖分，然后采用等距单元对模型进行划分，分别取厚度方向的单元个数为 2、4、6，厚度与水平方向的单元边长比为 1、2、4，两两组合，计算响应的道面荷载，如表 4.5 所示。

表 4.5　面层网格划分对计算结果的影响

厚度方向单元个数	厚度与水平方向的单元边长比	应力/MPa	最大挠度/mm	CPU 耗时/s	内存/MB
	1	2.630	0.674	38.000	6.051
2	2	2.652	0.674	52.000	11.984
	4	2.660	0.674	121.10	30.362
	1	—	—	—	—
4	2	2.763	0.670	85.400	16.805
	4	2.782	6.702	240.80	36.54
	1	2.787	6.677	57.000	9.396
6	2	2.808	0.668	114.60	20.218
	4	2.809	6.683	426.40	483962

根据上述计算结果，当厚度方向单元数取值为 4，厚度与水平方向的单元边长比为 2 时，与更细的网格划分方法相差不大。值得注意的是，虽然厚度方向单元个数取值为 6，厚度与水平方向的单元边长比为 1 时，可以更快地得到较为满意的结果，但此时宽高比为 6，会出现系统警告提醒。因此，综合考虑模型精度、

计算效率、占用内存及单元宽高比要求，最终确定单元划分为厚度方向 4 个单元，水平方向的单元尺寸为厚度的 1/2。

2. 基层和底基层的网格划分

确定面层网格划分后，接下来确定基层和底基层的网格划分，厚度与水平方向的单元边长比取值小于面层，分别为 1、2，竖向单元数量分别取 1、2、3、5，板底应力计算结果和中央处理器 (CPU) 耗时如表 4.6 所示。

表 4.6　基层和底基层网格划分对计算结果的影响

厚度与水平方向的单元边长比	1				2			
竖向单元数量	1	2	3	5	1	2	3	5
应力计算结果/MPa	2.763	2.768	2.771	2.777	2.740	2.746	2.750	2.755
CPU 耗时/s	83.800	103.30	123.00	206.00	340.50	555.10	761.80	1558.1

分析可知，基层和底基层的网格划分对板受力状态的影响并不大，但网格划分越密，CPU 耗时越长。当不研究基层和底基层的结构响应时，快速计算混凝土板应力可以采用较为稀疏的网格密度，这里采用竖向单元的数量为 1，厚度与水平方向的单元边长比为 1 的网格划分方法。

4.3.3　基层和底基层扩大尺寸

若基层与板采用相同的尺寸，相当于荷载直接作用于结构边缘，容易出现板边效应，造成应力集中。因此，单块板有限元模型中常需要对面层以下的各结构层在水平方向的尺寸予以扩大。采用上述单元类型和网格划分尺寸，改变基层和底基层的扩大尺寸，取板长 l 的 1.1 倍、1.2 倍、1.3 倍、1.4 倍、1.5 倍进行计算，结果如表 4.7 所示。

表 4.7　基层和底基层扩大尺寸对计算结果的影响

地基扩大尺寸	1.1l	1.2l	1.3l	1.4l	1.5l
应力/MPa	2.945	2.808	2.763	2.770	2.767
CPU 耗时/s	75.700	71.000	80.400	111.40	126.000

分析可知，基层和底基层扩大尺寸较小时，板底应力计算值偏大，当基层和底基层扩大板长的 1.3 倍时，应力计算结果趋于稳定，仅比扩大 1.4 倍、1.5 倍分别减小 2.53% 和 1.45%，此时基层和底基层扩大尺寸对道面板受力的影响很小，因此采用基层和底基层扩大板长 1.3 倍，即四个方向均外扩 1.5m 进行仿真。

4.3.4 层间接触条件

层间接触状态主要有三类：完全连续、完全光滑和部分黏结。部分黏结状态介于完全连续和完全光滑之间，表示层与层之间存在滑动趋势，会产生摩擦力。界面接触的模拟主要采用两种方法，一种是设定接触单元，需要生成零厚度的接触单元；另一种是定义接触面，包括点–点接触，点–面接触和面–面接触。设置接触单元较为复杂，ABAQUS 中常定义面–面接触来模拟层间接触条件。

面层–基层之间的接触分为法向接触和切向接触。法向接触采用默认的"硬接触"模型，即面层与基层可以自由传递压力，但当两个界面分离时，相应的法向约束解除。切向接触常设置为库仑摩擦模型，通过设置综合摩擦系数来表征界面部分黏结状态。

对于基层与底基层的层间接触，由于分析的重点不在基层和底基层，这里为了提高计算效率，采用 Tie 连接绑定约束。

采用上述模型分别计算机型 A 作用于板中、板角、板横边中点和板纵边中点时的道面板底应力，结果如图 4.5 所示。

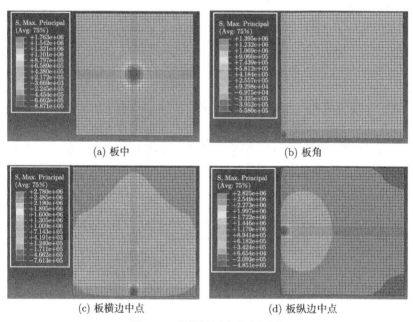

(a) 板中　　　　　　　　　　　　　　　(b) 板角

(c) 板横边中点　　　　　　　　　　　　(d) 板纵边中点

图 4.5　单块板板底应力云图

通过对单块板有限元模型单元类型、网格划分、基层扩大尺寸和层间接触条件等影响道面板结构响应计算效率和精度的影响因素对比分析，最终确定单块板有限元模型采用的单元类型为 C3D8I；面层网格划分为厚度方向 4 个单元，水平方向的单元尺寸为厚度的 1/2，在不研究基层和底基层的结构响应时，基层和底基层的网格竖向单元的数量为 1，厚度与水平方向的单元边长比为 1；基层和底基层扩大板长的 1.3 倍；面层–基层之间的法向接触采用"硬接触"，切向接触设置为库仑摩擦模型，基层与底基层之间采用 Tie 连接。

4.4　双块板模型

在单块板模型的基础上建立双块板模型，双块板模型与单块板模型的区别在于两板之间存在接缝传荷。对于接缝传荷能力的表达，主要有两个指标：未受荷板与受荷板的应力之比 LTE_σ 和未受荷板与受荷板的挠度之比 LTE_w，分别由式 (4.1) 和式 (4.2) 计算：

$$LTE_\sigma = \sigma_U/\sigma_L \tag{4.1}$$

$$LTE_w = \omega_U/\omega_L \tag{4.2}$$

式中，σ_U、ω_U 分别为未受荷板边缘的板底拉应力和挠度；σ_L、ω_L 分别为受荷板边缘的板底拉应力和挠度。

有限元模型中，接缝的模拟主要有虚拟材料法、弹簧单元法和实体建模法等。实体建模通过在板中设置实体杆件对传力杆进行模拟，与传力杆的作用相同，一端为固定端，采用 Tie 连接实现传力杆与板的弯曲黏结；一端为滑动端，通过定义面–面接触的切向摩擦系数来实现。罗勇等[77] 将摩擦系数设置为 0，滑动端完全光滑，而 Shiva[137] 将摩擦系数设置为 0.005。图 4.6 为采用 ABAQUS 中的Wire 单元建立的传力杆实体单元双块板模型。

图 4.6　传力杆实体单元双块板模型

实体建模法可以用于研究传力杆自身的受力特性，但设置繁琐，计算代价很高，不能考虑集料的嵌锁效应，并且很容易出现不收敛的情况。道面厚度设计关注的重点为板底最大拉应力和接缝传荷能力，对于传力杆自身的受力情况在研究传力杆自身性能时才作为重点，下面分别采用虚拟材料法和弹簧单元法建立双块板模型。

4.4.1　虚拟材料法

虚拟材料法通过在板缝间设置不同宽度和模量的虚拟材料实现两板间力的传递，虚拟材料与板的连接为 Tie 连接，如图 4.7 所示。

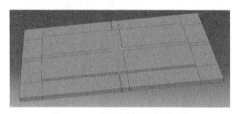

图 4.7　虚拟材料模拟接缝

影响虚拟材料的因素有虚拟材料的宽度、厚度与模量等，这里假设虚拟材料宽度为 1cm，采用单一因素分析法分析虚拟材料厚度和虚拟材料模量等对双板接缝传荷能力的影响。

1. 虚拟材料厚度的影响

层间接触条件为竖向硬接触，水平摩擦系数取值为 0.6，道面各结构层有限元计算参数及机型 B 机轮荷载计算参数分别如表 4.8 和表 4.9 所示。

表 4.8　各结构层有限元计算参数 (双块板模型)

混凝土板			基层		底基层		土基地基反应模量 /(MN/m³)
板尺寸/(m×m)	厚度/m	模量/MPa	厚度/m	模量/MPa	厚度/m	模量/MPa	
5×5	变化	33000	0.20	1200	0.3	300	20

表 4.9　机型 B 机轮荷载计算参数

轴型	轮印面积/mm²	轮印宽度/mm	轮印长度/mm	静载胎压/MPa
单轮	1529.27	325	471	0.984

假设虚拟材料的模量为 80MPa，材料厚度取值为 0.20m、0.24m、0.28m 和 0.32m，计算双板接缝传荷系数如表 4.10 所示。

表 4.10　不同虚拟材料厚度对应的接缝传荷系数

材料厚度/m	受荷板挠度/m	未受荷板挠度/m	LTE_w/%	受荷板应力/MPa	未受荷板应力/MPa	LTE_σ/%
0.20	1.0308×10^{-3}	8.5335×10^{-4}	82.79	4.575	1.583	34.60
0.24	8.5952×10^{-4}	7.0976×10^{-4}	82.58	3.619	1.184	32.72
0.28	7.3160×10^{-4}	6.0450×10^{-4}	82.63	2.887	0.885	30.65
0.32	6.3441×10^{-4}	5.2569×10^{-4}	82.86	2.332	0.667	28.60

由表 4.10 可知，当接缝宽度和接缝弹性模量一定时，不同虚拟材料厚度下挠度形式表达的接缝传荷系数基本保持不变，应力形式表达的接缝传荷系数，接缝材料厚度每增大 0.04m，接缝传荷系数减小 2% 左右，可以近似忽略虚拟材料厚度对接缝传荷能力的影响。

2. 虚拟材料弹性模量的影响

各结构层有限元参数保持不变，面层厚度取值为 0.28m，改变接缝材料弹性模量，分别取值为 0.0001MPa(近似等效于两板之间完全断开)、0.001MPa、0.01MPa、0.1MPa、1MPa、5MPa、10MPa、20MPa、50MPa，80MPa、100MPa、500MPa、1000MPa、5000MPa 和 10000MPa(近似等效于两板之间完全连续)，研究接缝材料弹性模量对接缝传荷能力的影响，计算结果见表 4.11 和图 4.8。

表 4.11　不同虚拟材料弹性模量对应的接缝传荷系数

弹性模量/MPa	受荷板挠度/m	未受荷板挠度/m	LTE_w/%	受荷板应力/MPa	未受荷板应力/MPa	LTE_σ/%
0.0001	9.446×10^{-4}	1.542×10^{-7}	0.02	3.478	2.508×10^{-6}	0.00
0.001	9.446×10^{-4}	1.842×10^{-6}	0.20	3.478	2.516×10^{-5}	0.00
0.01	9.442×10^{-4}	9.742×10^{-6}	1.03	3.478	2.675×10^{-4}	0.01
0.1	9.402×10^{-4}	4.779×10^{-5}	5.08	3.474	$4.343.\times10^{-3}$	0.13
1	9.162×10^{-4}	2.434×10^{-4}	26.57	3.445	5.348×10^{-2}	1.55
5	8.581×10^{-4}	3.992×10^{-4}	46.52	3.331	0.240	7.21
10	8.377×10^{-4}	4.714×10^{-4}	56.27	3.240	0.379	11.70
20	8.039×10^{-4}	5.351×10^{-4}	66.56	3.127	0.535	17.11
50	7.570×10^{-4}	5.904×10^{-4}	77.99	2.967	0.767	25.85
80	7.316×10^{-4}	6.045×10^{-4}	82.63	2.887	0.885	30.65
100	7.191×10^{-4}	6.079×10^{-4}	84.54	2.849	0.940	32.99
500	6.180×10^{-4}	5.789×10^{-4}	93.67	2.579	1.392	53.97
1000	5.735×10^{-4}	5.491×10^{-4}	95.75	2.469	1.429	57.88
5000	5.024×10^{-4}	4.931×10^{-4}	98.15	2.299	1.652	71.86
10000	4.876×10^{-4}	4.806×10^{-4}	98.56	2.257	1.728	76.56

分析图 4.8 可知，接缝材料弹性模量对接缝传荷能力的影响较大，采用 S 形曲线函数形式对 LTE_w 与虚拟材料弹性模量的关系进行拟合，采用指数函数形式对 LTE_w 与 LTE_σ 的关系进行拟合，结果如式 (4.3) 和式 (4.4) 所示。

$$LTE_w = \frac{0.497}{0.462 + 1.141e^{-\log E}} \tag{4.3}$$

$$LTE_\sigma = 0.00376 \exp\left(\frac{LTE_w}{0.188}\right) + 0.0124 \tag{4.4}$$

两个拟合优度 R^2 分别高达 0.990 和 0.992，拟合结果较为理想。

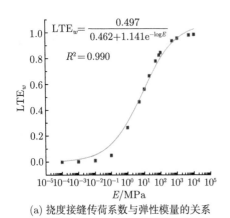

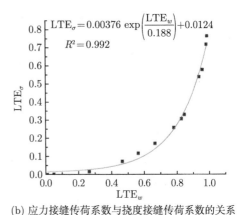

(a) 挠度接缝传荷系数与弹性模量的关系　　　(b) 应力接缝传荷系数与挠度接缝传荷系数的关系

图 4.8　虚拟材料弹性模量与接缝传荷系数的关系曲线

4.4.2　弹簧单元法

弹簧单元法是在板间设置竖向 SPING2 弹簧单元实现接缝传荷，ABAQUS 通过 Interaction 模块中的 Special 任务栏 Springs/Dashpots 设置，选择 Axis 类型为 Special fixed direction，将 Direction 确定为 Z 方向 (竖向，参数取 3)，并设置 Spring stiffness，如图 4.9 所示。

图 4.9　弹簧单元法设置示意图

确定刚度时需要区分接缝类型，假缝主要依靠集料的嵌锁效应实现板间荷载传递，主要取决于假缝界面的粗糙度，也受各结构层参数的影响，机理较为复杂，理论描述较为困难，一般假缝的接缝刚度取值在 $(0.5 \sim 4) \times 10^4 \mathrm{MN/m^3}$。传力杆缝的刚度 D 组成包括混凝土对传力杆的支撑剪切刚度 DCL 和自身剪切刚度 C 两部分，采用 Huang[138] 提出的式 (4.5)～ 式 (4.9) 计算。

$$\mathrm{DCL} = \frac{4\beta^3}{(2+\beta\omega)} E_\mathrm{d} I_\mathrm{d} \tag{4.5}$$

$$\beta = \left(\frac{Kd}{4E_{\mathrm{d}}I_{\mathrm{d}}} \right)^{1/4} \tag{4.6}$$

$$C = \frac{1}{(1+\phi)\omega^3} E_{\mathrm{d}}I_{\mathrm{d}} \tag{4.7}$$

$$\phi = \frac{12E_{\mathrm{d}}I_{\mathrm{d}}}{G_{\mathrm{d}}A_{\mathrm{d}}\omega^2} \tag{4.8}$$

$$D = \frac{1}{\dfrac{1}{\mathrm{DCL}} + \dfrac{1}{12C}} \tag{4.9}$$

式中，β 为传力杆和混凝土的相对刚度；K 为混凝土支撑模量；d、A_{d}、E_{d}、G_{d}、I_{d} 分别为传力杆的直径、横截面积、弹性模量、剪切模量和惯性矩；ω 为接缝宽度。

接缝的单位长度刚度 q：

$$q = \frac{D}{s} \tag{4.10}$$

式中，s 为传力杆间距。

不同类型缝确定好接缝刚度后，进行有限元分析时需要将接缝刚度进行分配。按照贡献面积法[139]：即刚度按照板中:板边:板角 $=4:2:1$ 的原则分配到各个节点上，节点布置如图 4.10 所示。

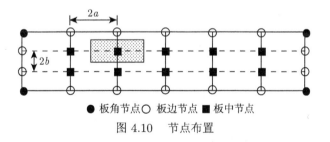

● 板角节点 ○ 板边节点 ■ 板中节点

图 4.10　节点布置

各节点贡献面积：

$$\left.\begin{array}{ll} \text{板角:} & A_{\mathrm{C}} = ab \\ \text{板边:} & A_{\mathrm{E}} = 2ab \\ \text{板中:} & A_{\mathrm{I}} = 4ab \end{array}\right\} \tag{4.11}$$

各节点刚度总和应等于传力杆刚度：

$$k \cdot N_{\mathrm{C}} + 2k \cdot N_{\mathrm{E}} + 4k \cdot N_{\mathrm{t}} = q\lambda \tag{4.12}$$

式中，λ 为接缝长度。

不同位置节点数量采用式 (4.13) 计算：

$$
\left.
\begin{array}{ll}
\text{板角：} & N_{\mathrm{C}} = 4 \\
\text{板边：} & N_{\mathrm{E}} = 2\left(N_{\mathrm{R}} + N_{\mathrm{C}} - 4\right) \\
\text{板中：} & N_{\mathrm{I}} = \left(N_{\mathrm{R}} - 2\right)\left(N_{\mathrm{C}} - 2\right)
\end{array}
\right\}
\tag{4.13}
$$

代入式 (4.12) 可得 k 的计算式，如式 (4.14) 所示：

$$
k = \frac{q\lambda}{4(N_{\mathrm{R}} - 1)(N_{\mathrm{C}} - 1)}
\tag{4.14}
$$

C3D8I 实体单元与 SPRING2 弹簧单元如图 4.11 所示。

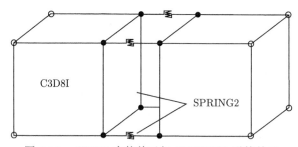

图 4.11　C3D8I 实体单元与 SPRING2 弹簧单元

　　将机型 B 机轮荷载作用于接缝边缘中点，建立图 4.12 所示的双块板模型，按照规范 [3] 有关规定，板厚 0.28m，传力杆直径建议值为 30mm，最大间距 300mm，最小长度 500mm，取缝宽度 0.004m，缝长度 5m，传力杆弹性模量 2×10^{11}Pa，泊松比 0.3，剪切刚度 76923MPa。代入上述公式可得表 4.12 所示的刚度分配参数。

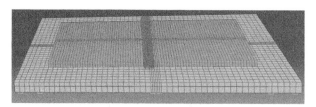

图 4.12　双块板模型

　　通过计算可得，受荷板边缘板底最大拉应力为 2.272MPa，最大竖向位移为 0.851mm，未受荷板板底最大拉应力为 0.914MPa，最大竖向位移为 0.770mm。接缝两侧板底应力和挠度如图 4.13 所示。

表 4.12　节点刚度分配参数

参数	单位	数值
杆截面惯性矩	m^4	3.970×10^{-8}
杆有效截面面积	m^2	6.3585×10^{-4}
混凝土对杆支撑模量	N/m^3	4.07×10^{11}
混凝土–杆相对刚度	m^{-1}	24.89
混凝土对杆支承刚度	MN/m	233.607
杆剪切刚度	MN/m	1010.70
杆组合刚度	MN/m	229.19
单位长度刚度	MN/m^2	763.96
板角节点数	个	4
板边节点数	个	104
板中节点数	个	147
板角分配刚度	MN/m^2	2.387
板边分配刚度	MN/m^2	4.775
板中分配刚度	MN/m^2	9.550

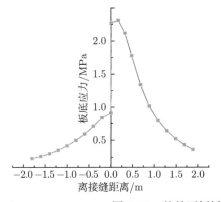 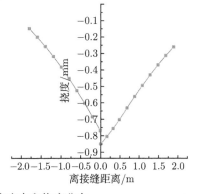

图 4.13　接缝两侧板底应力和挠度分布

当刚度为 763.96MN/m^2 时，双板应力接缝传荷系数 $\text{LTE}_\sigma = 40.22\%$，挠度接缝传荷系数 $\text{LTE}_w = 90.48\%$。保持荷载接触面积不变，胎压分别取值 0.5MPa、0.984MPa、1.0MPa、1.5MPa，接缝两侧的应力和竖向位移如表 4.13 所示。

表 4.13　接缝传荷能力计算结果

项目	胎压/MPa			
	0.5	0.984	1.0	1.5
受荷板应力/MPa	1.229	2.272	2.446	3.652
未受荷板应力/MPa	0.493	0.914	0.984	1.469
LTE_σ/%	40.11	40.23	40.23	40.22
受荷板挠度/mm	0.460	0.851	0.917	1.372
未受荷板挠度/mm	0.416	0.770	0.830	1.241
LTE_w/%	90.43	90.48	90.51	90.45

荷载作用于板边时，接缝传荷系数是道面的固有属性，与荷载的大小无关。周正峰等[140]通过对道面传荷能力的影响因素分析发现，增大混凝土板厚度可以减小应力和挠度，提高传力杆的刚度可以显著改善板两侧的受力情况，增大接缝传荷能力，而基层厚度、土基强度及层间接触条件对接缝传荷的影响均较小，相同的结论在戚春香等[141]的研究中也得到体现。这里重点关注传力杆刚度对接缝传荷的影响。接缝单位长度刚度取值见表 4.14，接缝传荷系数随接缝单位长度刚度的变化规律如图 4.14 所示。

表 4.14　接缝单位长度刚度对接缝传荷系数的影响

接缝单位长度刚度/(MN/m²)	受荷板挠度/mm	未受荷板挠度/m	LTE_w/%	受荷板应力/MPa	未受荷板应力/MPa	LTE_σ/%
0.001	1.046	1.062×10^{-2}	1.02	2.924	8.754×10^{-6}	0.00
0.01	1.048	2.866×10^{-2}	2.73	2.924	8.754×10^{-5}	0.00
0.1	1.047	9.301×10^{-2}	8.88	2.924	8.991×10^{-4}	0.03
1	1.039	0.108	10.39	2.919	1.150×10^{-2}	0.39
5	1.019	0.285	27.97	2.896	7.690×10^{-2}	2.66
10	1.065	0.371	34.84	2.931	0.153	5.22
50	0.944	0.569	60.28	2.741	0.505	18.42
80	0.926	0.625	67.49	2.692	0.494	18.35
100	0.967	0.681	70.42	2.706	0.556	20.55
200	0.94	0.744	79.15	2.61	0.697	26.70
500	0.913	0.799	87.51	2.472	0.885	35.80
1000	0.897	0.825	91.97	2.368	1.019	43.03
2000	0.885	0.841	95.03	2.275	1.137	49.98
10000	0.831	0.820	98.68	2.157	1.261	58.46
50000	0.826	0.824	99.76	2.102	1.319	62.75

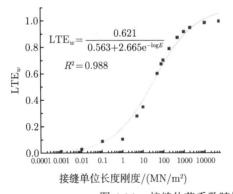
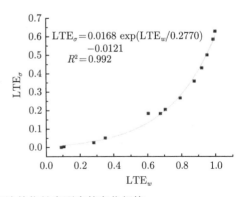

图 4.14　接缝传荷系数随接缝单位长度刚度的变化规律

$$\mathrm{LTE}_w = \frac{0.621}{0.563 + 2.665\mathrm{e}^{-\log E}} \qquad (4.15)$$

$$\mathrm{LTE}_\sigma = 0.0168\exp(\mathrm{LTE}_w/0.2770) - 0.0121 \qquad (4.16)$$

采用与虚拟材料接缝传荷能力相似公式对弹簧单元法接缝传荷系数随接缝单位长度刚度的变化规律进行拟合,拟合优度 R^2 分别为 0.988 和 0.992,拟合效果良好。戚春香等[141]、Zollinger 等[142] 和 Crovetti[143] 的研究均表明 LTE_w 与接缝刚度的关系为 S 形曲线,若刚度为无穷大,则 LTE_w 均趋向于 1。LTE_w 与 LTE_σ 的关系用指数函数拟合也可以得到良好的拟合关系。

4.4.3　两种方法的对比分析

道面的 LTE_w 取值为 65%、70%、75%、80%、85%、90%,代入式 (4.3) 和式 (4.15),并采用上述有限元结构分别计算两种方法的板底最大拉应力,结果如表 4.15 所示。

表 4.15　不同接缝模拟方法板底最大拉应力对比

项目		LTE_w/%					
		65	70	75	80	85	90
虚拟材料法	弹性模量/MPa	21.24	33.59	54.70	93.15	169.77	344.66
	板底最大拉应力/MPa	3.116	3.034	2.952	2.861	2.759	2.640
弹簧单元法	接缝单位长度刚度/(MN/m²)	82.36	127.87	203.34	335.35	584.05	1106.04
	板底最大拉应力/MPa	2.688	2.624	2.571	2.516	2.459	2.404

由表 4.15 可知,两种方法拟合得到的板底最大拉应力在接缝传荷系数较大时,差别较小,接缝传荷系数为 90%,弹簧单元法计算得到的板底最大拉应力比虚拟材料法得到的板底最大拉应力小 8.94%,误差在 10% 以内。但随着接缝传荷系数的减小,两种方法的计算误差逐渐增大,当接缝传荷系数为 65% 时,弹簧单元法计算得到的板底最大拉应力比虚拟材料法得到的板底最大拉应力小 13.71%。

综合分析上述建模过程,虚拟材料法有限元模型建立过程简单,计算代价小,通过对虚拟材料模量的调整可以很方便地模拟不同接缝传荷系数下道面板的受力状态,但无法反映传力杆自身的受力情况,缺乏理论依据,缝宽设置过大会导致荷载跨缝作用时板底的应力计算误差较大。弹簧单元法采用贡献面积法对弹簧刚度进行分配,模拟效果良好,但也无法模拟传力杆自身的力学行为,且对于多块板的有限元模型,建模过程较为复杂,计算代价较大,需要通过编程或者 INP 文件实现多工况状态的模拟。

4.5　九块板模型

九块板有限元模型可以分别模拟横缝和纵缝的传荷能力，中间板的结构响应更加符合道面实际受力，并且四周边界条件对计算结果的影响较小。全起落架荷载作用下的道面结构响应计算普遍采用九块板有限元模型，我国《军用机场水泥混凝土道面设计规范》GJB 1278A—2009 中荷载应力的回归公式便是基于九块板的有限元模型。本节首先建立弹性地基双层九块板模型，比较不同层间接触状态下的道面结构响应和计算效率，为了计算道面各点的结构响应，进一步简化提出移动荷载作用下的弹性地基单层九块板模型，通过与 MATLAB 的联合仿真，实现荷载作用于道面各点最大拉应力的快速计算。

4.5.1　弹性地基双层九块板模型

在单块板模型和双块板模型分析的基础上，采用弹性地基双层板结构建立九块板实体模型，板间接缝模拟采用虚拟材料法和弹簧单元法。横缝的接缝传荷系数取值为 80%，纵缝的接缝传荷系数取值为 70%。首先按照双块板模型挠度表征的接缝传荷系数拟合曲线计算虚拟材料的弹性模量 (横缝 93.15MPa，纵缝 33.59MPa) 和弹簧单元的单位长度刚度 (横缝 335.35MN/m²，纵缝 127.87MN/m²)，并采用受荷板与未受荷板的挠度之比 LTE_w 对接缝传荷系数进行校验。面层和基层层间接触条件也设置为两种：一种为完全连续，即 Tie 连接；另一种水平方向为摩擦接触，竖向为"硬接触"，选择刚度较大的面层为主面，基层为从面，以防止主面侵入从面中。通过试算发现，荷载作用于板角时容易产生侵入现象，尤其是当基层网格划分不够密时，应力计算结果会有较大差异，当基层划分为 4 层时，可有效缓解侵入现象，计算结果稳定，因此采用水平方向与混凝土板相同的网格划分，竖向划分为 4 层。土基采用 "Elastic Foundation" 单元，有关边界条件的选取，朱立国 [136] 的研究表明，弹性地基单层九块板模型采用四边自由的边界条件，计算不易收敛，且采用四边自由边界与四边简支边界的计算结果差异不大。因此，四边简支的边界条件应用于弹性地基单层九块板道面有限元计算，但此处采用弹性地基双层九块板模型。通过试算发现，荷载作用于板角时，简支边界容易出现不收敛的现象。由于此处研究的为中间板的应力响应，周围板的约束状态对其结构响应的影响较小，因此，四周的约束条件借鉴廖公云等 [144] 提出的约束板和基层水平位移的方法，所建立的有限元模型工况 (包括接缝传荷系数校验) 和道面各结构层参数分别如表 4.16 和表 4.17 所示，不同工况下有限元模型计算结果见表 4.18 和图 4.15。

由图 4.15 可知，采用虚拟材料法模拟接缝传荷时，计算的所有点位处的板底拉应力均比弹簧单元法模拟接缝传荷时大。这是因为此处按照双块板模型接缝传荷系数取值采用的是挠度表征的接缝传荷系数。而由式 (4.4) 和式 (4.16) 可知，当接缝传荷系数取值为 70％ 和 80％ 时，虚拟材料法应力表征的接缝传荷系数为 16.80％ 和 27.74％，而弹簧单元法应力表征的接缝传荷系数为 19.82％ 和 28.96％，比较可知，弹簧单元法模拟的接缝应力传荷能力强，板的整体受力情况好，因此弹簧单元法计算的板底应力较小。此外，两种方法计算得到的不同位置板底应力大小排序为：纵边＞横边＞板角＞板中 (虚拟材料法)，纵边＞横边＞板中＞板角 (弹簧单元法)，虚拟材料可以看作板材料的突变，其弹性模量远小于混凝土模量，因此其他荷载点位板整体性较板中差，计算的板底应力偏大，板中应力最小。

表 4.16　九块板有限元模型工况

工况	结构	接缝形式	层间接触条件
工况 1	双层板	虚拟材料	Tie 连接
工况 2	双层板	虚拟材料	摩擦接触 $\mu=1$
工况 3	双层板	虚拟材料	摩擦接触 $\mu=10$
工况 4	双层板	虚拟材料	完全光滑
工况 5	双层板	弹簧单元	Tie 连接
工况 6	双层板	弹簧单元	摩擦接触 $\mu=1$
工况 7	双层板	弹簧单元	摩擦接触 $\mu=10$
工况 8	双层板	弹簧单元	完全光滑

表 4.17　弹性地基双层九块板各结构层参数

道面各结构层	参数	单位	取值
面层	厚度	m	0.28
	模量	GPa	33
	泊松比		0.15
基层	厚度	m	0.20
	模量	MPa	1200
	泊松比		0.2
土基	地基反应模量	MN/m^3	40

表 4.18　弹性地基双层九块板有限元模型计算结果

工况	板底最大拉应力/MPa				CPU 平均耗时/s
	纵边	横边	板角	板中	
工况 1	1.566	1.101	0.910	0.802	30.5
工况 2	2.142	1.933	1.071	0.978	1171
工况 3	2.035	1.855	0.995	0.949	1532
工况 4	2.160	1.946	1.083	0.982	623
工况 5	1.336	1.114	0.867	1.134	37
工况 6	1.830	1.511	0.971	1.361	1518
工况 7	1.752	1.417	0.900	1.327	1933
工况 8	1.836	1.617	1.028	1.366	971

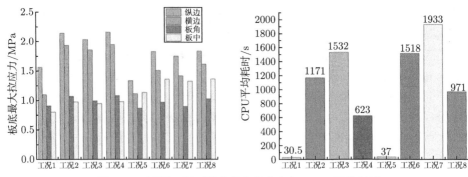

图 4.15　不同工况下板底最大拉应力与 CPU 平均耗时

比较不同工况下的板底最大拉应力可知，采用 Tie 连接模拟层间接触计算得到的板底拉应力普遍较小，如弹簧单元法计算的纵边板底拉应力，工况 5 分别比工况 6、工况 7、工况 8 小 26.99%，23.74% 和 27.23%。计算误差比水平摩擦接触、竖向"硬接触"时减小近四分之一。但由图 4.15 显示的 CPU 平均耗时可知，Tie 连接可以大大节省计算时间。此外，摩擦系数的大小对板底最大拉应力的计算结果影响较小，而且随着水平摩擦系数的减小，计算时间相应缩短。

4.5.2　弹性地基单层九块板模型

进一步分析静载作用下的弹性地基双层九块板模型计算时间结果，由图 4.15 可知，采用 Tie 连接的层间接触，两种方法计算的 CPU 平均耗时仅为 30.5s 和 37s，而采用水平方向摩擦接触，竖向"硬接触"的层间接触方法 CPU 平均耗时最少为工况 4 的 623s，是相同接缝状态下 Tie 连接的工况 1 耗时的 20.43 倍。Tie 连接的计算结果在上一节分析中已经指出，误差近 25%，原因是 Tie 连接为完全连接，与实际道面的层间接触情况差距较大。计算飞机轮载作用下道面各点的应力情况，且兼顾计算成本与计算精度，采用双层板模型层间接触 Tie 连接虽然 CPU 耗时满足要求，但误差较大。因此，在原模型的基础上进一步简化为弹性地基单层九块板有限元模型，地基模型采用 Winkler 地基，接缝模拟采用弹簧单元，忽略纵缝和横缝的差异，假设其接缝刚度相等，板仍设计为 5m×5m 方形板。

1. 接缝传荷模拟

前面的分析中，是在有基层双板建模的基础上计算的接缝传荷系数，朱立国 [136] 的研究表明，有基层建模时的接缝能力计算结果大于无基层建模时的计算结果。针对不同工况，以机型 A 作用于板横边中点研究板厚度、板模量、地基反应模量、接缝刚度对接缝传荷的影响，计算结果见表 4.19。

表 4.19　不同道面结构参数下的接缝传荷系数

工况	接缝刚度 /(MN/m²)	板弹性模量 /GPa	板厚度 /cm	地基反应模量 /(MN/m³)	挠度接缝 传荷系数/%	应力接缝 传荷系数 /%
工况 1	0	33	25	80	0	0
工况 2	500	33	25	80	69.13	25.63
工况 3	1500	33	25	80	84.52	36.88
工况 4	3000	33	25	80	90.70	44.77
工况 5	1500	30	25	80	84.81	37.35
工况 6	1500	34	25	80	84.43	36.73
工况 7	1500	36	25	80	84.21	36.45
工况 8	1500	38	25	80	84.01	36.19
工况 9	1500	33	20	80	86.37	39.57
工况 10	1500	33	30	80	82.95	35.05
工况 11	1500	33	35	80	81.52	33.74
工况 12	1500	33	40	80	80.26	32.74
工况 13	1500	33	25	40	88.99	41.34
工况 14	1500	33	25	60	86.55	38.74
工况 15	1500	33	25	120	81.22	34.23
工况 16	1500	33	25	160	78.53	32.36

分析工况 1~4 可知，接缝刚度对接缝传荷能力具有显著响应，且随着接缝刚度的增大接缝传荷系数逐渐趋向于 1，接缝刚度与接缝传荷系数的关系为 S 形曲线，其影响先增大后减小。分析工况 5~8 可知，随着道面板弹性模量的增加，接缝传荷能力逐渐降低，这是因为随着板弹性模量的增加，作用相同的荷载时，两侧产生的挠度差减小，接缝传荷能力降低，但弹性模量由 30GPa 增大到 38GPa 时，挠度表征的接缝传荷系数仅减小 0.943%，应力表征的接缝传荷系数仅减小 3.106%，水泥混凝土弹性模量对接缝传荷能力的影响很小。分析工况 6~12 可知，随着板的厚度增加，接缝传荷能力呈逐渐下降的趋势，这是两侧挠度差减小导致的，这也是厚板与薄板相比，要达到相同的接缝传荷能力需要更粗的传力杆的原因。分析工况 13~16 可知，随着地基反应模量的增大，接缝传荷能力逐渐降低，且与板弹性模量和厚度相比，其影响更为显著。究其原因，与增大板弹性模量和厚度的原因相似，均为这些措施使道面弯沉减小，导致邻板挠度差减小，接缝传荷能力降低。

上述接缝传荷系数的计算针对机型 A 作用于板横边两侧产生的最大挠度比，而实际道面中常采用基于重落锤式弯沉仪 (HWD) 的测试方法来衡量接缝传荷能力，所采用的承载板直径为 30cm，荷载为半正弦波，幅值 140kN，作用时间 0.03s，ABAQUS 计算时将荷载简化为 0.266m×0.266m 的矩形均布荷载，接地压力为 1.982MPa，HWD 测点布设如图 4.16 所示。

采用式 (4.2) 计算挠度表征的接缝传荷系数，其中分母为受荷板 15cm 处 (D_0 位置) 的弯沉值，分子为未受荷板 15cm 处 (D_2 位置) 的弯沉值。

　　进行单层九块板接缝传荷能力有限元分析时，地基反应模量取值为 $80\mathrm{MN/m^3}$、$120\mathrm{MN/m^3}$ 和 $160\mathrm{MN/m^3}$，板厚度取值为 $25\mathrm{cm}$、$30\mathrm{cm}$、$35\mathrm{cm}$，接缝刚度取值参照黄晓明等[145] 提出的 $0.5{\sim}4.0{\times}10^4\mathrm{MN/m^2}$，这里分别取值为 $0.1\mathrm{MN/m^2}$、$1\mathrm{MN/m^2}$、$10\mathrm{MN/m^2}$、$100\mathrm{MN/m^2}$、$300\mathrm{MN/m^2}$、$500\mathrm{MN/m^2}$、$800\mathrm{MN/m^2}$、$1000\mathrm{MN/m^2}$、$5000\mathrm{MN/m^2}$、$10000\mathrm{MN/m^2}$ 和 $1{\times}10^5\ \mathrm{MN/m^2}$，图 4.17(a) 为 $25\mathrm{cm}$ 厚水泥混凝土板不同地基反应模量下接缝刚度与 HWD 测得的接缝传荷系数的关系，图 4.17(b) 为地基反应模量为 $120\ \mathrm{MN/m^3}$，不同板厚度下接缝刚度与 HWD 测得的接缝传荷系数关系。

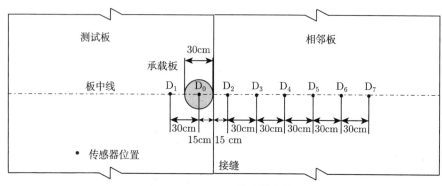

图 4.16　HWD 传感器位置

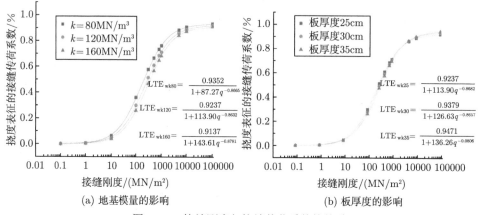

(a) 地基模量的影响　　　　　　　　　(b) 板厚度的影响

图 4.17　接缝刚度与接缝传荷系数的关系

　　由图 4.17 可知，均可由 S 形曲线对接缝刚度与 HWD 测得的挠度接缝传荷系数的关系进行拟合，挠度接缝传荷系数 LTE_w 与接缝刚度 q 的拟合优度 R^2 近似为 1，接缝刚度对接缝传荷能力的影响显著，而对地基反应模量和板厚度的影响相对较小。

2. 施加移动荷载

采用 Fortran 语言编写 DLOAD 子程序实现竖向移动荷载的施加，具体方法为预先设置竖向荷载作用条带，通过定义移动速度和调用时间函数 Time 的乘积，实现既定坐标 (COORDS) 下的荷载模拟和步长控制，如图 4.18 所示。

```
G  (Global Scope)
    SUBROUTINE DLOAD(F,KSTEP,KINC,TIME,NOEL,NPT,LAYER,KSPT,
 1  COORDS,JLTYP,SNAME)
C
    INCLUDE 'ABA_PARAM.INC'
C
    DIMENSION TIME(2),COORDS(3)
    CHARACTER*80 SNAME
C
    parameter (yini=5.262,vel=2.5,dlen=0.358,p=1e6)
    dis=vel*time(2)
    ymax=yini+dis
    ymin=ymax-dlen
    if(COORDS(2).le.ymax.and.COORDS(2).ge.ymin)then
    F=p
    else
    F=0.0d0
    end if
    RETURN
    END
```

图 4.18　移动荷载的施加程序

3. 多工况建模

通过修改 INP 文件实现不同工况下板的应力计算，拟定的各结构层参数如表 4.20 所示。

表 4.20　弹性地基单层九块板各结构层参数

结构层	参数	单位	取值
面层	厚度	m	0.28
	模量	GPa	33
	泊松比	—	0.15
土基	地基反应模量	MN/m^3	80

荷载假设为均布移动荷载，大小设置为 1MPa，轮印面积采用各机型设计轮印面积进行计算，建立九块板模型，板单元尺寸划分为 0.1m×0.1m。道面受力特点与路面不同，公路水泥混凝土路面各车道均受力，要关注边缘板的受力与基层扩大尺寸的影响，而由机场道面交通量的平面分布模型可知，整个道面边缘板和角板几乎没有荷载作用。因此，应力计算重点关注九块板中心板的受力情况，并根据结构的对称性，移动荷载仅覆盖中间板的 1/4 即可。

以荷载作用于中间板板角开始，沿纵向行驶方向进行准静态作用道面荷载计算，由于过程中未考虑道面板阻尼的影响 (弹性地基不能进行动态阻尼分析)，采用的分析步类型为 Static、General。通过 ABAQUS 中增量步的大小与 DLOAD 子程序行驶速度的设置，实现每一 Frame 机轮荷载纵向移动一个单元格，加载过程共计 24 个 Frame，构成一个 Job。横向偏移方向沿板横边，荷载每移动一个单元格继续纵向行驶，加载方向同前一个 Job，共计 24 个 Job。为了覆盖板横边跨缝、横边中点和板纵边跨缝、纵边中点，额外增加四个 Job(每个 Job 包含 24 个 Frame)。此外，由于所有加载工况并不覆盖图 4.19(b) 所示的四个位置，因此单独建立四个 Job 对板中、横边跨缝、纵边跨缝和板角跨缝四个点位进行加载。所用工况共计 32 个 Job，覆盖点位共计 676 个，加载如图 4.19 所示。

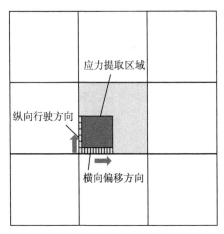
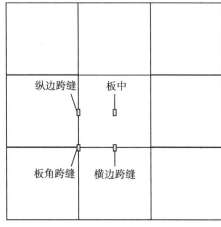

(a) 荷载移动方向   (b) 特殊加载点位

图 4.19   有限元准静载加载示意图

上述九块板模型建模时采用 CAE 建模，建立一种工况后，仅改变荷载作用位置便可实现其他工况的建模。为了提高计算效率，每完成一种工况不直接提交计算，而是采用 Write Input 建立各个工况下的 INP 文件，通过设置.bat 文件在 ABAQUS COMMAND 里面进行批处理计算，具体程序如下：

```
call "E:\ Program Files (x86)\ Microsoft Visual Studio
14.0\ VC\ vcvarsall.bat" X64
call "E:\ Program Files (x86)\ IntelSWTools\ compilers\_and\_
libraries\_2017.4.210
\ windows\ bin\ ipsxe-comp-vars.bat" intel64 vs2015
call abaqus job=job-1.inp user=moveforce.for int
call abaqus job=job-2.inp user=moveforce.for int
call abaqus job=job-3.inp user=moveforce.for int
……
```

通过 INP 文件提交作业时，材料参数 (混凝土模量及地基、弹簧单元刚度等) 直接在 INP 文件对应的部分进行修改，不同厚度的道面模拟需要对单元的竖向坐标进行替换, 保证单元节点编号不变而仅单元厚度变化, 这样才能使弹簧节点连接不变。

4. 数据的存储与后处理

在 ABAQUS 的 Visualization 模块可以很方便地显示各工况下某一帧的应力, 如图 4.20 所示。Visualization 模块下的结果显示是提取的 .odb 文件中的计算结果, 如果一帧一帧进行提取, 一种道面结构需要记录 676 个最大应力值, 数据太过庞大, 不利于设计计算, 必须采用数据自动提取的方法。ABAQUS 中的数据自动提取, 主要有两种方法。第一种为 Python 编程的方法, 该方法从 .odb 文件中提取的应力为单元应力, 而计算节点应力还需要进行二次转化, 常用的方法有应力重构法和 ABAQUS 内核调用输出法 [146], 均涉及 Python 编程及 MATLAB 二次处理, 对于多工况多帧数的应力提取编程较为复杂, 计算成本高, 且 .odb 文件的存储内存需求量大, 不太适合批量计算。第二种方法为通过修改 INP 文件的 HISTORY OUTPUT 模块 ELPRINT 直接将有限元模型节点六个应力分量输入 .dat 文件中, 由于板底最大拉应力位置均出现在加载带附近, 为了节省提取节点的数量, 提高运算效率, 预先建立加载条带附近的单元集, 仅提取单元集的节点应力分量写入 .dat 文件。由 MATLAB 读取 .dat 文件, 通过提取的每个节点六个应力分量构造单元节点应力矩阵, 采用 MATLAB 内置函数 eig() 求解三个主应力, 并通过各节点主应力的比较提取每一帧的最大主应力。图 4.21 为机型 A 机轮荷载由板角沿板纵边行驶时 MATLAB 最大应力提取计算结果与 Visualization 模块下最大应力计算结果对比。

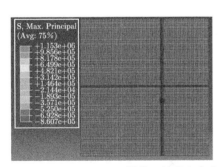

图 4.20　Visualization 模块下的节点应力

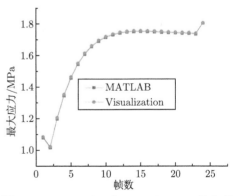

图 4.21　MATLAB 与 Visualization 最大应力对比

由图 4.21 可知, 采用 MATLAB 得到的节点最大应力与 Visualization 得到的节点最大应力近似相等, 平均误差仅 0.02%。采用上述方法, 自动提取所有工况下的节点最大应力 (即板底最大拉应力), 结果如图 4.22 所示。

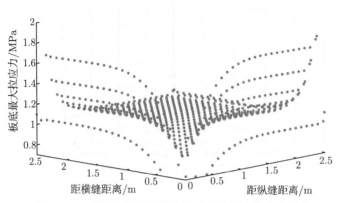

图 4.22　荷载作用于不同位置时板底最大拉应力分布

由图 4.22 可粗略比较荷载作用于道面各点时板底应力的大小，总体来看，荷载作用于板边时的应力大于荷载作用于板内部的应力，且作用于板纵缝中点时取得极值。根据结构对称性，采用如图 4.23 所示的应力提取方向，对板纵边 (方向①)，板横边 (方向③) 和板中 (方向②、方向④) 等四个方向板底最大拉应力进行提取，结果如图 4.24 所示。

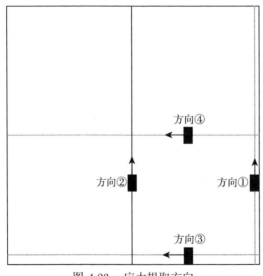

图 4.23　应力提取方向

由图 4.24 可知，当机轮荷载跨缝作用时，荷载普遍较小，当荷载完全作用于板内，沿板边移动时 (方向①、方向③)，板角处应力较大，随着向缝中移动，板底最大拉应力先减小后迅速增大，当荷载位置处于近板长的 1/3 处时，荷载基本

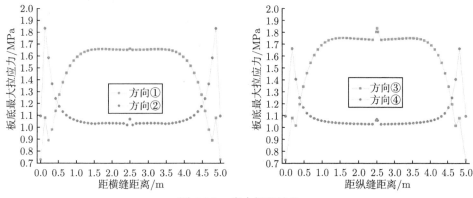

图 4.24　应力提取结果

保持不变, 当位于板缝中点时板底最大拉应力达到极值。其中, 荷载作用于板纵边中点时, 板底最大拉应力为 1.835MPa, 荷载作用于板横缝中点时, 板底最大拉应力为 1.662MPa, 荷载作用于板纵缝的应力较大。此外, 当荷载分别从板横缝中点向板中 (方向②) 或从板纵缝中点向板中 (方向④) 移动时, 板底最大拉应力逐渐减小, 当荷载距离缝边 1m 时, 再向板内移动, 板底最大拉应力近似保持不变。

　　为了计算荷载作用于道面各点的板底最大拉应力情况, 对上述三维离散点进行插值处理, MATLAB 函数库中的 Interp2 () 函数可以实现这一功能。Interp2 () 具有 linear、nearest、cubic 及 spline 等四种插值方式, 前三种要求计算间隔均匀, 而 spline 三次样条插值可以实现不均匀序列插值。此处考虑了荷载跨缝和板中的情况, 原始三维离散点为不均匀序列, 故采用三次样条插值方法对中间板的荷载情况进行插值, 通过插值可以得到更为密集的道面应力分布点。由图 4.25 可知, 机型 A 荷载作用下, 应力较大点位主要集中在板缝位置, 板内部应力较小, 且最大值出现在纵缝中点处, 其值为 1.835MPa。

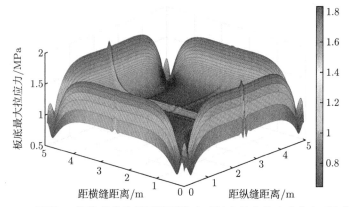

图 4.25　机型 A 机轮荷载作用于道面各点时板底最大拉应力分布 (见彩图)

上述通过 ABAQUS 与 MATLAB 的联合仿真，采用三次样条插值的方法计算了机型 A 荷载作用于道面不同位置时，板底最大拉应力分布情况。按照相同的研究思路，可以得到机型 B 作用于道面不同位置时，板底最大拉应力分布情况，如图 4.26 所示。与机型 A 的规律基本相近，机型 B 机轮荷载作用下，应力较大点位主要集中在板缝位置，板内部应力较小，且最大值出现在纵缝中点处，其值为 2.914MPa。

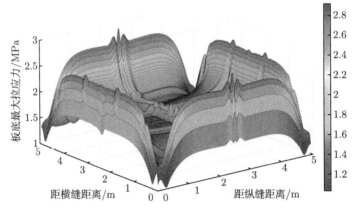

图 4.26　机型 B 机轮荷载作用于道面各点时板底最大拉应力分布 (见彩图)

4.6　水泥混凝土道面响应试验与有限元模型验证

为了验证建立的有限元模型用于道面损伤计算的合理性，在同济大学嘉定校区开展水泥混凝土道面足尺板试验，实测水泥混凝土道面在荷载作用下结构力学响应，揭示不同荷载作用位置、接缝构造形式对道面结构响应的影响。通过现场测试和室内试验确定各结构层的有限元仿真参数，通过力学响应测试结果校验道面有限元模型。

4.6.1　试验概况

1. 平面布局

试验段采用九块板道面结构，平面尺寸如图 4.27 所示，中间三块板 (D、E、F) 的尺寸采用 4m×4m，由于场地限制，两边六块板 (A、B、C、G、H、I) 的尺寸在宽度方向进行缩减，采用 2m×4m。

进行混凝土道面结构响应分析时，需要考虑接缝的影响。混凝土道面的接缝包括纵缝和横缝，参考规范设计要求，横缝常采用假缝或假缝加传力杆，纵缝常采用企口缝和平缝设拉杆。研究中重点关注不同横缝构造形式的传荷性能差异，具体接缝设置如图 4.27 所示，在 D 板和 E 板间设置传力杆缝，E 板和 F 板间设置假缝，纵缝全部设置为企口缝，不设拉杆。

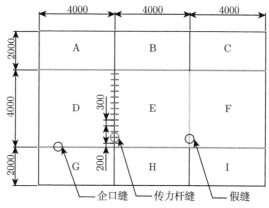

图 4.27　现场试验平面布局图 (单位：mm)

2. 断面设计

断面设计主要依据《军用机场水泥混凝土道面设计规范》GJB 1278A—2009 的相关要求，结合工程实践，确定各结构层的材料和厚度，水泥混凝土板厚度取值为 250mm。基层材料应具有一定的强度和较好的水稳性，考虑到现场试验条件，采用 5% 的水泥稳定碎石作为半刚性基层材料，厚度根据规范推荐值取为 150mm。土基需坚实、稳定、均匀，根据现场情况确定是否需要回填，回填方案拟采用土基上铺 400mm 厚的 7% 石灰土，土基顶面以下 0~400mm 的深度应具有 96% 以上的压实度。道面结构层材料和厚度如图 4.28 所示。

图 4.28　现场试验断面设计图 (单位：mm)

4.6.2　各结构层施工与传感器布设

1. 土基

计划拟定在原土基的基础上开挖 40cm(图 4.29)，对下层土基进行碾压，再构筑上层道面结构，但在开挖过程中发现土基状况并不理想，大块碎石较多，土基

不均匀 (图 4.30)，必然导致不同位置的土基回弹模量差异较大，进而影响上层道面结构的力学响应。

图 4.29 土基开挖   图 4.30 土基表面原始状况

为了保证试验段土基均匀，对大块碎石区域进行深层开挖，并回填 40cm 厚的 7%石灰土，压路机振动压实，环刀法取样，测定土的密实度。采用全站仪进行施工放线，确定试验段板块与板缝的具体位置，在既定位置开挖土基 40cm，具体过程如图 4.31 所示。

(a) 土基深层开挖   (b) 石灰土换填

(c) 土基摊铺   (d) 压路机振动压实

图 4.31 土基施工

2. 基层

土基上层铺筑 15cm 的水泥稳定碎石基层，水泥稳定碎石级配如表 4.21 所示。

表 4.21　水泥稳定碎石级配

组成	水泥	大石子 (10~31cm)	小石子 (5~10cm)	石粉	水
比例/%	5	44	9	35	7

如图 4.32 所示，基层摊铺前采用水准仪进行放线，挖掘机预摊铺后，人工找平，压路机振动碾压 3 遍。基层养护 7 天后，现场取样测定半刚性基层无侧限抗压强度。

(a) 施工放线　　　　　　　　　(b)基层摊铺

(c)土基摊铺　　　　　　　　　(d)基层养护

图 4.32　基层施工

3. 水泥混凝土面层

水泥混凝土面层的测试指标主要为板底拉应力。考虑到横缝构型对板传荷能力的影响，在横缝板边中部两侧均埋设应变计，应变计选用 NZG-FBG-ESG 光纤光栅埋入式应变计，如图 4.33 所示，应变计的部分参数如表 4.22 所示。混凝土面层埋设 12 个横向应变计和 12 个纵向应变计，具体位置如图 4.34 所示。

表 4.22　应变计的部分参数

参数类型	量程/με	分辨精度/με	光栅中心波长/nm	工作温度/℃
参数值	±1500	1	1510~1590	−30~+80

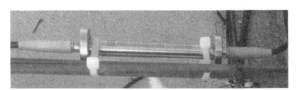

图 4.33　NZG-FBG-ESG 光纤光栅埋入式应变计

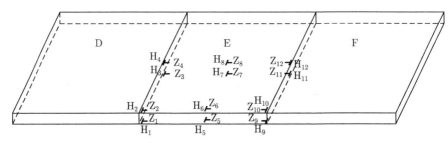

图 4.34　混凝土面层应变计位置
H 表示横向应变计；Z 表示纵向应变计

应变计施工先用支架进行固定，用聚氯乙烯 (PVC) 管道保护好数据传输光纤后再进行混凝土浇筑，振捣时注意传感器的埋设位置，保证传感器的位置不发生偏移，应变计施工现场如图 4.35 所示。

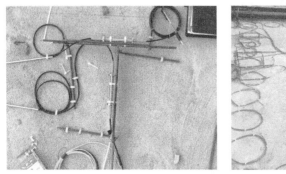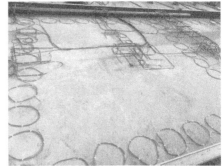

图 4.35　应变计施工现场

由于水泥混凝土板厚度大于 200mm，按照规范要求需要在纵缝上设置企口缝，不设拉杆。中间板两侧横缝，一侧为传力杆缝，另一侧为假缝，其余横缝位置均为假缝。假缝采用两次切缝的施工方式，第一次切缝宽为 3mm，深为 80mm；第二次切缝宽为 10mm，深为 20mm，如图 4.36 所示。

图 4.36　切缝

传力杆缝选用 $\Phi25$ 光圆钢筋，按照规范要求，选用传力杆长度为 500mm，传力杆的一端固定，另一端涂抹沥青，沥青层厚度为 1mm，传力杆采用交错布置方式，与板边间距为 200mm，杆间间距为 300mm。企口缝构造、传力杆缝构造、传力杆平面布置、假缝构造以及传力杆布置实物图分别如图 4.37～图 4.41 所示。

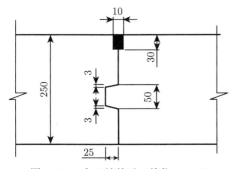

图 4.37　企口缝构造 (单位：mm)

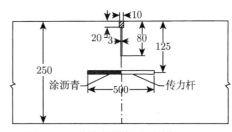

图 4.38　传力杆缝构造 (单位：mm)

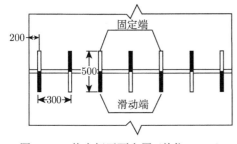

图 4.39　传力杆平面布置 (单位：mm)

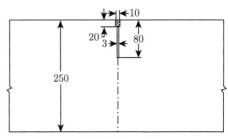

图 4.40　假缝构造 (单位：mm)

图 4.41   传力杆布置实物图

水泥混凝土材料采用 C45 商用混凝土，配合比见表 4.23。

表 4.23   混凝土配合比

材料	水	水泥	砂	石子	粉煤灰	外加剂	矿粉
规格	自来水	42.5P.O	中砂	5~25mm	F-II	ZK-803	S95
质量/(kg/m³)	160	257	741	1023	89	4.53	107

施工时，水泥混凝土面层纵向采用分仓浇筑工艺，共分三仓，使用木模具支护，如图 4.42 所示。

图 4.42   分仓浇筑

施工过程按照倒料 → 振捣 → 摊平 → 滚浆 → 抹面 → 拉毛的顺序依次进

行，混凝土终凝后，表面覆盖土工布定期洒水养护。当强度达到要求时，拆模进行下一仓的浇筑，注意在已浇筑好的板的企口缝处涂抹机油，防止黏结。面层施工过程如图 4.43 所示。

(a) 振捣

(b) 摊平

(c) 滚浆

(d) 抹面

(e) 拉毛

(f) 洒水养护

图 4.43　面层施工

施工过程中，现场取样浇筑 3 个立方体试件开展混凝土抗压强度试验，并成型小梁试件，测定 28 天抗弯拉强度。施工完成后，对应变计的存活状况进行测试，如图 4.44 所示，存活率百分之百。

图 4.44　应变计存活率测试

4.6.3　现场测试与道面有限元模型验证

1. 土基

施工前要对石灰土开展室内性能试验，测定换填石灰土的最佳含水率和最大干密度 (图 4.45)，施工时保持其含水率在最佳含水率附近；施工完成后采用环刀法取样 (图 4.46)，测定石灰土的压实度。

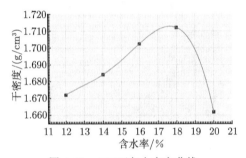

图 4.45　7%石灰土击实曲线

图 4.46　环刀法取样

最终得到 7%石灰土的最佳含水率为 17.6%，最大干密度为 1.714g/cm^3，见表 4.24。控制施工含水率在最佳含水率附近。施工结束后用环刀法取土样测试石灰土压实度，均值为 96.5%。

表 4.24　石灰土性能指标

材料	最佳含水率/%	最大干密度/(g/cm^3)
7%石灰土	17.6	1.714

2. 基层

施工过程中，水泥稳定碎石基层采用两次摊铺碾压。施工完成后，现场取样圆柱体试件，浸水养护 7 天后测定其无侧限抗压强度，测试结果如表 4.25 所示。3 组试件的平均无侧限抗压强度为 5.76MPa，满足规范大于 4MPa 的要求。

表 4.25　水泥稳定碎石无侧限抗压强度

项目	试件编号			均值
	1	2	3	
破坏荷载/kN	92.0	112.3	100.6	101.6
无侧限抗压强度/MPa	5.21	6.36	5.70	5.76

3. 面层

1) 室内试验

对成型的混凝土立方体试件和小梁试件室外养护 28 天，分别开展立方体抗压强度试验和抗折强度试验，结果如表 4.26 和表 4.27 所示。

表 4.26　水泥混凝土立方体抗压强度试验结果

试件编号	尺寸/(mm×mm×mm)	最大荷载/kN	抗压强度/MPa
1	150×150×150	1101	48.93
2	150×150×150	1015	45.11
3	150×150×150	1127	50.09
均值	—	—	48.04

表 4.27　水泥混凝土立方体抗折强度试验结果

试件编号	L/mm	b/mm	h/mm	F/kN	f/MPa
1	550	150	150	31800	5.24
2	550	150	150	35800	4.92
3	550	150	150	32300	5.13
均值	—	—	—	—	5.10

由表 4.26 和表 4.27 可知，C45 混凝土立方体平均抗压强度为 48.04MPa，平均抗折强度为 5.10MPa，满足机场道面设计规范抗折强度不小于 5MPa 的要求。

2) FWD 弯沉测试

对中间板 E 采用落锤式弯沉仪 (FWD) 进行弯沉测试，如图 4.47 所示，FWD 作用位置包括板中、板边横缝和板边纵缝，板中 FWD 试验主要用于各结构层模量反演，得到各结构层的回弹模量，作为有限元仿真的输入参数；板边 FWD 试验主要用于确定接缝传荷系数，比较接缝传荷能力。每个测点进行 3 次平行试验，具体作用位置如图 4.48 和表 4.28 所示。

图 4.47　FWD 弯沉测试

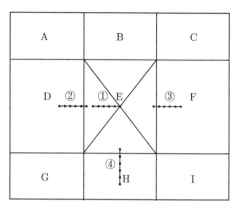

图 4.48　FWD 测点示意

表 4.28　FWD 测点距测试位置中心的距离

测试位置	距测试位置中心的距离/mm					
板中	0	300	600	900	1200	1500
横缝	−150	150	450	750	1050	1350
纵缝	−150	150	450	750	1050	1350

　　板中 (位置①) 的 FWD 数据用于道面各结构层模量反算, 荷载为 140kN, 各测点的弯沉数据如表 4.29 所示, 由凌建明等提出的弯沉盆重心距离法回归模型[147](式 (4.17) 和式 (4.18)), 计算相对刚度半径, 利用 Losberg 内部挠度方程 (式 (4.19)) 计算地基反应模量, 并代入式 (4.20) 求解混凝土板的弹性模量。

表 4.29　水泥混凝土层板中 FWD 弯沉数据 (测点中心在板中)

测试工况	荷载/kN	距测点中心的距离/mm					
		0	300	600	900	1200	1500
第一次	135.6	192.3	169.7	154.6	135.2	115.3	98.2
第二次	139.3	197.6	177.0	158.5	139.3	119.9	100.6
第三次	142.3	219.4	183.1	163.5	142.1	123.1	103.2
平均值	139.1	203.1	176.6	158.9	138.8	119.4	100.7
标准差	3.4	14.4	6.7	4.5	3.4	3.9	2.5

$$s = \frac{b_1\omega_0 + b_2\omega_1 + b_3\omega_2 + b_4\omega_3 + b_5\omega_4 + b_6\omega_5}{c_1\omega_0 + c_2\omega_1 + c_3\omega_2 + c_4\omega_3 + c_5\omega_4 + c_6\omega_5} \tag{4.17}$$

$$l = a_1 s^5 + a_2 s^4 + a_3 s^3 + a_4 s^2 + a_5 s + a_6 \tag{4.18}$$

$$k = \frac{p_{\mathrm{w}}}{8\omega_0 l^2}\left\{1 + \frac{1}{2\pi}\left[\ln\left(\frac{r}{2l}\right) - 0.637\right]\left(\frac{r}{l}\right)^2\right\} \tag{4.19}$$

$$E = \frac{12(1-\mu^2)kl^4}{h^3} \tag{4.20}$$

式中，ω 为各测点的竖向挠度，m；a、b、c 为回归系数；p_{w} 为均布荷载压强，MPa；r 为承载板半径，m；l 为相对刚度半径，m；k 为地基反应模量，$\mathrm{kN/m}^3$；E 为混凝土板的弹性模量，MPa；μ 为混凝土泊松比；h 为混凝土板的厚度，m。

通过上述过程，反演得到的道面各结构层参数如图 4.49 所示。

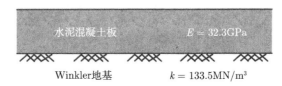

图 4.49　弹性地基单层九块板 FWD 反演结构层参数

横缝②、③和纵缝④位置的 FWD 数据用于道面接缝传荷能力计算，采用的荷载等级为 100kN 和 150kN，传荷能力评价指标为弯沉传荷系数 LTE_δ：

$$\mathrm{LTE}_\delta = \frac{D_{\mathrm{unload}}}{D_{\mathrm{load}}} \tag{4.21}$$

式中，D_{load} 为受荷板距离接缝 15cm 处的弯沉值，$\mu\mathrm{m}$；D_{unload} 为未受荷板距离接缝 15cm 处的弯沉值，$\mu\mathrm{m}$。

表 4.30～ 表 4.32 分别为传力杆缝②、假缝③和纵缝④传荷能力测试结果。

表 4.30　传力杆缝②传荷能力测试结果

100kN 荷载工况	距板边 −150mm	距板边 150 mm	150kN 荷载工况	距板边 −150mm	距板边 150 mm
第一次试验弯沉值/μm	168.6	154.4	第一次试验弯沉值/μm	231	211.6
第二次试验弯沉值/μm	169.5	155	第二次试验弯沉值/μm	231	211.9
第三次试弯沉值/μm 验	157.3	143.8	第三次试验弯沉值/μm	231	211.4
平均弯沉/μm	165.1	151.1	平均弯沉/μm	231	211.6
LTE_δ/%	91.52		LTE_δ/%	91.60	
均值/%	91.56				

注：100kN 荷载工况三次试验荷载分别为 108.1kN、108.1kN 和 99.3kN；150kN 荷载工况三次试验荷载分别为 147.5kN、147.1kN 和 147.0kN。

表 4.31　假缝③传荷能力测试结果

100kN 荷载工况	距板边 −150mm	距板边 150 mm	150kN 荷载工况	距板边 −150mm	距板边 150 mm
第一次试验弯沉值/μm	167.9	153.7	第一次试验弯沉值/μm	253	233.1
第二次试验弯沉值/μm	167.4	153.2	第二次试验弯沉值/μm	252.2	233.7
第三次试验弯沉值/μm 验	170	155.8	第三次试验弯沉值/μm	252.2	234.3
平均弯沉/μm	168.4	154.2	平均弯沉/μm	252.5	233.7
LTE_δ/%	91.57		LTE_δ/%	92.55	
均值/%	92.06				

注：100kN 荷载工况三次试验荷载分别为 98.3kN、98.0kN、101.0kN；150kN 荷载工况三次试验荷载分别为 150.0kN、149.5kN、149.5kN。

表 4.32　纵缝④传荷能力测试结果

100kN 荷载工况	距板边 −150mm	距板边 150 mm	150kN 荷载工况	距板边 −150mm	距板边 150 mm
第一次试验弯沉值/μm	174.3	154.5	第一次试验弯沉值/μm	262.4	231.1
第二次试验弯沉值/μm	174.3	154.7	第二次试验弯沉值/μm	261.7	230.3
第三次试验弯沉值/μm 验	173.4	152.6	第三次试验弯沉值/μm	263.1	232.6
平均弯沉/μm	174.0	153.9	平均弯沉/μm	262.4	231.3
LTE_δ/%	88.45		LTE_δ/%	88.15	
均值/%	88.30				

注：100kN 荷载工况三次试验荷载分别为 100.8kN、101.0kN、100.3kN；150kN 荷载工况三次试验荷载分别为 150.4kN、149.6kN、150.2kN。

由表 4.30～ 表 4.32 可知，现场新建道面板无论是横缝还是纵缝，其接缝传荷能力均较高，其中，两种构造横缝的接缝传荷系数均大于 90%，原因可能是冬季温差较小，施工时虽然进行了切缝，但混凝土板所受的温度应力较小，假缝未发生贯通。

根据 Zollinger 等[142] 在 Winkler 地基上建立的关系：

$$LTE_\omega = \frac{1}{1+10^{\frac{0.214-0.183(r/l)-\lg(q/kl)}{1.180}}} \tag{4.22}$$

代入相应的值可反算三种接缝的单位长度刚度，分别为：假缝 2699.72MN/m², 传力杆缝 2920.15MN/m², 企口纵缝 1759.40MN/m²。有限元计算时根据贡献面积法将刚度分配到各个节点上。

3) 低胎压卡车轮载试验与有限元验证

静载试验测试和有限元计算点位均选择为不利荷载点位，包括板中、板角和板横缝和纵缝中间位置。考虑到 D、E 板间与 E、F 板间接缝形式的不同，静态荷载主要作用于混凝土道面中部 (④)、横缝 (传力杆缝、假缝) 板边中部 (②、⑥)、纵缝板边中部 (③) 和板角 (①、⑤) 等位置, 静态荷载作用位置如图 4.50 所示。

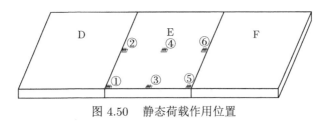

图 4.50　静态荷载作用位置

采用 CA1163 型卡车进行加载, 将两块混凝土道面板作为配重分别吊到货箱增加重量, 分为单板吊装和双板吊装两种荷载工况。轮胎接地压力采用 LLW 型感压纸进行标定。车辆静止状态下, 将细沙抛洒入卡车轮迹边缘, 预估轮印宽度, 将感压纸裁成对应宽度后平铺于车轮下方, 图 4.51 为卡车单板负荷状态的加载以及铺设感压纸过程。两种荷载工况下卡车依次经过感压纸, 到达测试位置保压 3min, 感压纸在不同的轮胎压力下呈现不同的颜色。对压力标定纸进行扫描, 采用 MATLAB 图像灰度处理, 分别计算各标准比色带的 R 值、G 值和 B 值, 并将 unit 型数组转化为 double 型, 求其均值, 结果如表 4.33 所示 (见彩图)。采用幂指函数对 R 值均值、G 值均值和 B 值均值与压力的关系进行拟合, 拟合结果如图 4.52 所示。

图 4.51　卡车加载与铺设感压纸

表 4.33　　标准比色灰度与压力的关系

压力/MPa	0.3	0.5	0.7	0.9	1.1	1.3	1.5
标准比色							
R 值均值	245.526	245.626	247.857	251.745	252.904	253.483	253.59
G 值均值	191.385	156.325	119.965	97.71	87.959	83.457	82.814
B 值均值	209.854	179.261	148.982	127.415	117.057	109.39	103.631

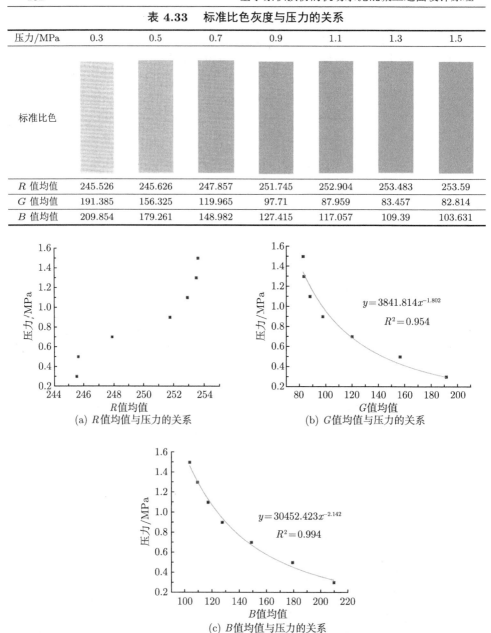

图 4.52　　标准比色灰度与压力的关系

由图 4.52 可知,不同压力下,感压纸标准比色的 R 值均值差别很小,两者关系不明显,R 值均值不建议作为压力换算的指标。G 值均值和 B 值均值与压力变化的关系采用幂函数曲线拟合均有良好的拟合度,R^2 分别高达 0.954、0.994。这里采用 B 值均值来换算具体测试过程中的压力分布。对不同工况下轮迹进行扫描，采用 MATLAB 灰度处理，提取图像的 B 值，遍历各点的 B 值，提取 B 值小于 255 的像素个数与总像素的比值定义为有效轮胎接地面积，同样遍历换算后的接地压力 (除去 B 值为 255 的点位)，与总像素数的比值定义为接地均布压力，计算结果如表 4.34 所示 (见彩图)，图 4.53 为双板负荷外轮轮印重构结果。

表 4.34　轮迹扫描图像与接地均布压力反算结果

项目	单板负荷		双板负荷	
	外轮	内轮	外轮	内轮
感压纸颜色				
有效轮胎面积占比	0.689	0.736	0.847	0.810
接地均布压力/MPa	0.418	0.408	0.490	0.508
均值/MPa	0.413		0.499	

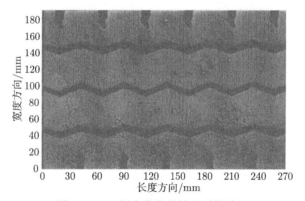

图 4.53　双板负荷外轮轮印重构结果

应变计采集仪记录的数据包括应变光栅的初始波长 (P_0) 与测试波长 (P_s)、温度光栅的初始波长 (P_{t0}) 与测量波长 (P_t)，由式 (4.23) 计算应变 S：

$$S = K_p * [(P_s - P_0) - (P_t - P_{t0})] \tag{4.23}$$

式中，K_p 为测试状态系数。

首先对不加载情况下各传感器的应变进行记录，然后依次对各不利点位进行加载，采集频率设置为 10Hz，到达测试位置后稳压 3min，取测量时段的平均值，加载与未加载时的应变差即荷载作用下的应变，实测微应变如表 4.35 所示。

由感压纸的红色区域面积可以测得卡车轮印长度为 27.0cm，宽度为 19.3cm，内外轮间隔为 11.3cm，卡车左右外轮距离为 2490cm，并根据各结构层的弹性模量反算与 FWD 接缝传荷系数测试结果建立有限元模型，图 4.54 为板角加载有限元模型。

表 4.35　不同加载位置板顶、板底实测微应变

加载位置	荷载工况	板底横向微应变	板底纵向微应变	板顶横向微应变	板顶纵向微应变
传力杆缝板角	单板负荷	8.811	7.378	−10.697	−7.178
(位置①)	双板负荷	10.43	9.424	−13.293	−9.247
传力杆缝横边中点	单板负荷	12.478	3.369	−13.731	−3.972
(位置②)	双板负荷	15.552	4.791	−16.297	−5.798
纵边中点	单板负荷	4.529	17.628	−6.040	−18.643
(位置③)	双板负荷	6.119	22.039	−8.000	−23.594
板中	单板负荷	10.702	12.081	−12.818	−16.551
(位置④)	双板负荷	13.325	15.873	−15.330	−19.466
假缝板角	单板负荷	7.304	4.818	−9.423	−6.563
(位置⑤)	双板负荷	8.911	6.528	−11.999	−8.317
假缝横边中点	单板负荷	12.235	4.799	−14.719	−4.875
(位置⑥)	双板负荷	16.125	5.822	−16.586	−5.827

图 4.54　板角加载有限元模型

为了得到测试点位板顶和板底传感器布置方向的微应变，提取有限元计算结果——横向应力 S11 和纵向应力 S22，除以混凝土模量得到该方向的微应变，如表 4.36 所示。实测微应变与计算微应变对比如图 4.55 与图 4.56 所示。

表 4.36　不同加载位置板顶、板底有限元计算微应变

加载位置	荷载工况	板底横向微应变	板底纵向微应变	板顶横向微应变	板顶纵向微应变
传力杆缝板角	单板负荷	9.461	8.415	−11.858	−8.682
(位置①)	双板负荷	11.430	10.167	−14.327	−10.491
传力杆缝横边中点	单板负荷	14.600	4.039	−15.409	−5.185
(位置②)	双板负荷	17.639	4.879	−18.618	−6.264
纵边中点	单板负荷	5.782	19.861	−7.248	−21.264
(位置③)	双板负荷	6.988	23.997	−8.758	−25.691
板中	单板负荷	11.821	16.527	−13.715	−18.258
(位置④)	双板负荷	14.282	19.970	−16.570	−22.061
假缝板角	单板负荷	9.555	7.133	−11.930	−8.609
(位置⑤)	双板负荷	11.545	8.618	−14.415	−10.403
假缝横边中点	单板负荷	14.700	5.264	−15.500	−5.191
(位置⑥)	双板负荷	17.764	6.358	−18.727	−6.273

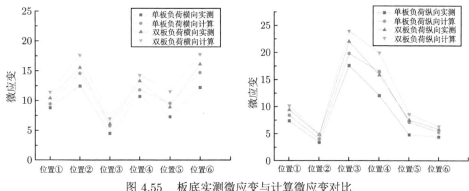

图 4.55　板底实测微应变与计算微应变对比

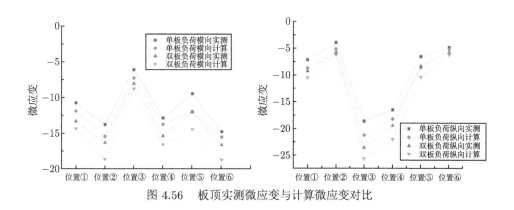

图 4.56　板顶实测微应变与计算微应变对比

由图 4.55 及图 4.56 可知，不同荷载工况下，实测道面板的微应变均小于有限元计算微应变，对上述结果进行统计比较，有 35.42％的加载工况实测与有限元计算误差在 10％以内，64.58％的加载工况实测与有限元计算误差在 15％以内，分析引起误差的原因主要有以下几点：

(1) 有限元提取的微应变为顶面和底面最大横向或纵向微应变，而传感器布置深度由于法兰厚度的影响往往不在板表面，因此实测微应变普遍小于有限元计算结果。

(2) 施工过程中，传感器的方向可能会发生偏移，如假缝板角的实测与有限元计算误差两个方向上均大于 20％，最高达 48％，可能是施工或切缝过程中，固定支架发生偏移导致。

(3) 卡车加载点位控制存在差异，如传力杆横边中点单板负荷加载时，误差普遍较大，而双板负荷加载时误差均小于 15％，可能是该点位单板加载时卡车加载位移发生偏移。

(4) 当该加载位置横向或纵向应变原本就很小时，误差采用有限元计算值较实测值增大百分比的表示方法会导致测试结果偏差大，如纵边中点加载的板底横向应变较小，单板加载时微应变仅为 4.529，实测与计算误差高达 27.67%，但微应变差值绝对值仅为 1.253，这也是采用百分比评价，双板负荷加载误差优于单板负荷加载的原因。

此外，轮迹均匀分布假设简化、有限元材料模型的取值等也是造成误差的原因。

4) 高胎压加载车行驶轮轮载试验与有限元验证

通过上节试验与有限元分析可知，低胎压汽车轮载作用下，单层九块板有限元模型计算结果与实测结果误差在可接受范围内。但与汽车轮载不同，飞机机轮胎压高，重量大，为了验证高胎压作用下有限元模型的适用性，开展加速加载车 MLS66 行驶轮作用下的轮载试验。加载位置与低胎压卡车轮载试验相同，加载前将行驶轮胎压充气至 1.4MPa。在卡车轮载试验中，轮印面积的测量采用卡车经过感压纸的方法一定程度上放大了接地面积。加载车可以依靠千斤顶将行驶轮撑起，之后放入感压纸 (LLW 型)，千斤顶泄压行驶轮完全作用在感压纸上，稳压 3min 后再次撑起行驶轮，取出感压纸测量轮印面积，并通过 MATLAB 编程计算接地压力。采用图 4.57 所示的便携式汽车称重系统测量轴重，测量时，预先将感压板放在加载车行驶轮经过的路径，移动加载车使其行驶轮完全作用于感压板上，记录轴重信息，之后将左右感压板互换顺序，重复上述步骤，轴重取两次测量的平均值。轴重除以感压纸面积得到接地压力，对 MATLAB 编程反算的接地压力进行标定。

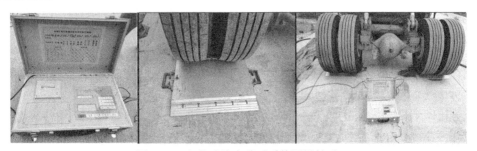

图 4.57　便携式汽车称重系统测量轴重

便携式称重系统测量得到的加载车行驶轮轴重结果如表 4.37 所示。

表 4.37　加载车行驶轮轴重测量结果

轮胎位置	左轮	右轮
第一次称重/kg	11420	11770
第二次称重/kg	11410	11790
均值/kg	11415	11780

采用加载车行驶轮左轮开展静载加载，对左轮内外一组轮胎分别用感压纸测量其轮胎接地面积。对行驶轮轮迹进行扫描，同样采用 MATLAB 灰度处理，提取图像的 B 值，遍历各点的 B 值，计算有效轮胎面积，计算结果如表 4.38 所示 (见彩图)。

表 4.38　轮迹扫描图像反算结果

项目	外轮	内轮
感压纸颜色		
轮印尺寸/(cm×cm)	25.9×24.7	26.3 ×24.9
有效轮胎面积占比	0.824	0.801

感压纸测轮印的面积取长度和宽度均值 26.1cm×24.8cm，通过测量轴载与轮印面积相除，可以得到平均接地压力为 0.864MPa。

首先对不加载情况下各传感器的应变进行记录，然后依次对各不利点位进行加载，采集频率设置为 10Hz，测量后稳压 3min，取测量时段的平均值，加载与未加载时的应变差即荷载作用下的应变，实测微应变如表 4.39 所示。

表 4.39　不同加载位置板顶、板底实测微应变

加载位置	板底横向微应变	板底纵向微应变	板顶横向微应变	板顶纵向微应变
传力杆缝板角 (位置①)	19.614	7.490	−17.811	−9.863
传力杆缝横边中点 (位置②)	29.115	7.717	−32.921	−9.272
纵边中点 (位置③)	10.849	43.842	−11.538	−46.500
板中 (位置④)	16.341	32.654	−12.550	−38.942
假缝板角 (位置⑤)	15.497	7.807	−14.743	−9.671
假缝横边中点 (位置⑥)	30.568	8.427	−32.080	−10.851

由感压纸的面积可以测得加载车左右行驶轮轮印平均长度为 26.1cm，平均宽度为 24.8cm，内外轮中心间隔为 36.0cm，卡车左右外轮距离为 2450cm，道面有限元模型参数与卡车轮胎试验相同。加载车行驶轮轮载分别作用于不同点位时的道面结构响应，提取 6 个加载点位的横向应力 S11 和纵向应力 S22，除以混凝土弹性模量得到每个方向的微应变，如表 4.40 所示。实测微应变与计算微应变对比如图 4.58 与图 4.59 所示。

表 4.40   不同加载位置板顶、板底有限元计算微应变

加载位置	板底横向微应变	板底纵向微应变	板顶横向微应变	板顶纵向微应变
传力杆缝板角 (位置①)	20.380	8.541	−19.425	−11.106
传力杆缝横边中点 (位置②)	34.373	8.720	−36.004	−11.096
纵边中点 (位置③)	12.179	46.089	−12.976	−49.352
板中 (位置④)	17.097	37.863	−15.574	−40.644
假缝板角 (位置⑤)	18.569	9.646	−17.481	−12.190
假缝横边中点 (位置⑥)	32.688	9.335	−34.373	−11.657

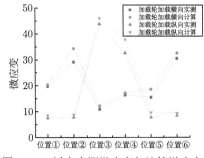

图 4.58   板底实测微应变与计算微应变对比

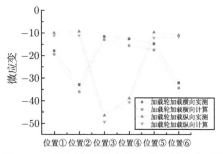

图 4.59   板顶实测微应变与计算微应变对比

由图 4.58 和图 4.59 可知，加载车行驶轮作用下实测道面板的微应变均小于有限元计算微应变。对上述结果进行统计比较，有 41.67% 的加载工况实测与有限元计算误差在 10% 以内，66.67% 的加载工况实测与有限元计算误差在 15% 以内，造成误差的原因与低胎压试验相同。总体误差平均值 12.71%，而单板负荷情况下误差平均值 18.30%，双板负荷情况下误差平均值 13.28%。高胎压比低胎压作用下的误差小，分析原因主要是卡车静载试验时，采用卡车开上感压纸的方法，一定程度上扩大了代入有限元模型的轮胎压力，有限元结果偏大。加载车静载试验时采用加载轮抬起后作用于感压纸的方法，测量的轮印面积更加符合实际，因此误差较小。

无论是基于累积损伤的设计方法还是极限应力设计方法都是在拟定基层和土基各层结构厚度、材料参数后，对混凝土面层厚度进行设计，重点关注混凝土面层响应。且如之前所述，为了得到道面各点的累积损伤，要综合考虑有限元计算的速度和精度，现场道面试验也验证了单层九块板模型具有一定的精度，双层九块板模型的计算成本受层间接触状态的影响较大，完全连续的层间接触有限元模型虽然也具有较高计算效率，但误差较大。因此，可以将单层九块板有限元模型用于道面损伤计算。

4.7　本章小结

本章采用 ABAQUS 有限元分析软件，建立多块板有限元模型，适用于快速计算道面各点应力状态，并通过现场水泥混凝土道面响应试验验证了模型的精度，主要得到以下结论：

(1) 通过单块板模型，分析了有限元单元类型、单元网络划分、基层和地基扩大尺寸、层间接触条件等因素对道面有限元计算精度与效率的影响。

(2) 基于双块板模型，对比研究了虚拟材料和弹簧单元两种接缝传荷能力模拟方法，虚拟材料法模型建立过程简单，计算代价小，通过对虚拟材料模量的调整可以很方便地模拟不同接缝传荷系数下道面板的受力状态，但与道面实际状态差异较大，无理论支撑，无法反映传力杆自身的受力情况。弹簧单元法采用贡献面积法对弹簧刚度进行分配，具备一定的理论依据，模拟效果良好，但也无法模拟传力杆自身的力学行为，对于多块板的有限元模型，建模过程较为复杂，需要通过编程实现多工况状态的模拟。

(3) 对静载作用下弹性地基双层九块板模型层间接触条件的研究发现，层间完全接触的弹性地基双层九块板模型虽然计算效率较高，但板底应力与层间摩擦接触模型相比误差近 30%，而层间摩擦接触或完全光滑接触的有限元模型的计算耗时长，计算成本高，可用于单个点位的应力计算。若要得到道面各点的应力状态，兼顾计算效率与精度，确定采用移动荷载作用下的弹性地基单层九块板模型。通过 ABAQUS 与 MATLAB 的联合仿真，实现了道面各点板底最大拉应力的快速计算。

(4) 通过现场试验，对有限元模型进行计算精度验证。分析了实测应变与计算应变产生误差的原因，验证了模型用于道面损伤计算的合理性。

第 5 章　水泥混凝土道面累积损伤计算方法

现行《军用机场水泥混凝土道面设计规范》GJB 1278A—2009 所采用的极限应力设计法在进行交通量换算时，将所有飞机的交通量换算为"设计飞机"的交通量，忽略了不同机型轮迹偏移对损伤作用的影响。为了考虑不同机型轮迹横向分布规律的不同，FAA 从 AC 150/5320-6E 开始取消了"设计飞机"的概念，提出通行覆盖率和累积损伤因子的概念，并根据 Miner 准则叠加计算各机型对道面的损伤作用。

道面累积损伤的计算包含三方面内容，其一是道面通行覆盖次数的计算，其二是道面允许作用次数的计算，其三是不同机型的累积损伤作用的叠加原理。本章着眼于这三个关键问题，在第 2 章建立的交通量平面分布模型基础上，考虑通行覆盖率的概念确定道面各点的通行覆盖次数；在第 3 章机轮荷载纵向分布和第 4 章道面有限元模型基础上，结合规范中温度应力计算方法和疲劳方程，计算道面各点的允许作用次数；将道面各点的通行覆盖次数与道面各点的允许作用次数之比定义为道面各点的累积损伤因子，根据 Miner 准则，分别叠加计算起飞、着陆等不同飞机运行状态下的累积损伤，从而建立累积损伤在整个道面上的平面分布模型。

5.1　累积损伤的平面分布模型

类比累积损伤曲线中累积损伤因子的定义，将道面任意一点的累积损伤因子定义为道面各点通行覆盖次数除以道面各点允许作用次数 (为了保证各点对应的数据相除，在进行数据离散时两者的矩阵维度相等)，即采用式 (5.1) 计算：

$$\mathrm{CDF}(x,y) = \frac{N(x,y)}{N'(x,y)} \tag{5.1}$$

式中，$\mathrm{CDF}(x,y)$ 为道面坐标 (x,y) 处的累积损伤因子；$N'(x,y)$ 为道面坐标 (x,y) 处的允许作用次数；$N(x,y)$ 为道面坐标 (x,y) 处的通行覆盖次数。

根据 Miner 准则，对各机型单机起飞、双机起飞和着陆三种状态下道面各点的累积损伤按式 (5.2) 进行叠加计算。

$$\mathrm{CDF}(x,y)_{\text{总}} = \sum_{i=1}^{i=n} \left[\mathrm{CDF}(x,y)_{i\text{单}} + \mathrm{CDF}(x,y)_{i\text{双}} + \mathrm{CDF}(x,y)_{i\text{着陆}} \right] \tag{5.2}$$

式中，$\mathrm{CDF}(x,y)_{总}$ 为道面坐标 (x,y) 处总的累积损伤因子；$\mathrm{CDF}(x,y)_{i单}$ 为第 i 种机型单机起飞时道面坐标 (x,y) 处的累积损伤因子；$\mathrm{CDF}(x,y)_{i双}$ 为第 i 种机型双机起飞时道面坐标 (x,y) 处的累积损伤因子；$\mathrm{CDF}(x,y)_{i着陆}$ 为第 i 种机型着陆时道面坐标 (x,y) 处的累积损伤因子。

5.2　道面通行覆盖次数计算

5.2.1　通行覆盖率

第 2 章计算的交通量为飞机的运行次数，而在道面设计中考虑的是机轮荷载的重复作用次数，两者有一定的转换关系。FAA 设计规范中将机轮荷载作用下水泥混凝土道面某一点产生一次最大应力称为对该点的一次"覆盖"，所谓通行覆盖率 (pass-to-coverage ratio，P/C) 是指某型飞机横断面上总通行次数与某点通行次数之比，表示道面任意一点覆盖量为 1 时所需要的交通量 (通行次数)，由式 (5.3) 计算：

$$\frac{P}{C} = \frac{1}{C_x W_t} \tag{5.3}$$

式中，W_t 为有效轮胎宽度，m；C_x 为跑道横向坐标 x 处轮迹分布概率密度。

通行覆盖率的计算示意图如图 5.1 所示。

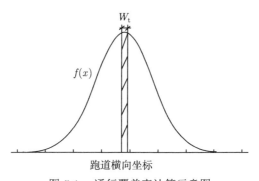

图 5.1　通行覆盖率计算示意图

根据通行覆盖率的概念，横断面内道面任意一点的通行覆盖次数可由式 (5.4) 计算：

$$N_i = n_i/(P_i/C_i) = n_i \cdot C_{x_i} \cdot W_{ti} \tag{5.4}$$

式中，N_i 为第 i 种飞机的通行覆盖次数；n_i 为第 i 种飞机的运行次数，等价于第 2 章交通量的概念；C_{x_i} 为第 i 种飞机横向坐标为 x 时的通行覆盖次数分布概率密度；W_{ti} 为第 i 种飞机的有效轮胎宽度，m。

5.2.2 有效轮胎宽度

在上述通行覆盖率定义中，有效轮胎宽度为一重要参数，当飞机在道面上运行时，机轮荷载对道面的损伤作用不仅仅在应力最大值点处，而且在荷载作用区域附近均产生疲劳损伤，有效轮胎宽度便是机轮荷载作用下，产生的板底最大拉应力附近应力相近区域在跑道横向的宽度。研究表明，刚性道面和柔性道面的有效轮胎宽度计算方法不同[148]，水泥混凝土道面有效轮胎宽度近似等于轮胎宽度，本书建立的单板有限元模型计算结果也表明机轮宽度 (图 5.2(a)) 和道面结构响应最大应力区域 (图 5.2(b)) 的几何尺寸近似相等。

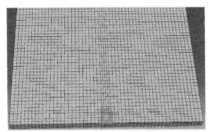 

(a) 机型A荷载作用位置　　　　　　　　　　　　　　　(b) 板底应力云图

图 5.2　　有效轮胎宽度示意图

5.2.3 通行覆盖次数的叠加原理

现行设计规范与第 2 章的测试结果均采用正态分布对轮迹横向分布规律进行拟合，在进行通行覆盖次数叠加时，根据起落架构型，单轮起落架可以分为左右主轮通行覆盖次数互不叠加和左右主轮通行覆盖次数互相叠加两种情况；对于双轮/多轮起落架或多轴复杂起落架，其左右主起落架间距一般均大于通行宽度，即左右主起落架通行覆盖次数互不叠加，可以按照表 5.1 的计算方法对不同起落架构型的飞机通行覆盖次数叠加计算。

值得注意的是，根据水泥混凝土道面 "覆盖作用" 的定义，即机轮荷载作用下道面某一点产生一次最大应力称为一次覆盖，对于复杂起落架构型的飞机 (C-5 等)，仅对一组起落架的轮迹叠加计算该机型的通行覆盖次数，即不同轴间起落架的轮迹仅叠加一次[148]。结合第 2 章确定的交通量分布曲面，在计算道面任意一点的通行覆盖次数时，有效轮胎宽度范围内的飞机轮迹 (单轮飞机) 均会对道面产生损伤，已知设计寿命内飞机的起降架次为 N，则飞机对该截面任意一点的通行覆盖次数 $N(x, y)$ 的计算如式 (5.5) 所示：

$$N(x, y) = N \cdot f_X(x, y) \cdot f_Y(y) \cdot W_t \tag{5.5}$$

式中，N 为设计寿命内飞机的起降架次；$f_X(x, y)$ 为跑道坐标 (x, y) 处的交通量分布概率密度；$f_Y(y)$ 为跑道纵向坐标 y 处的纵向通行因子。

表 5.1　不同起落架构型的飞机通行覆盖次数叠加计算

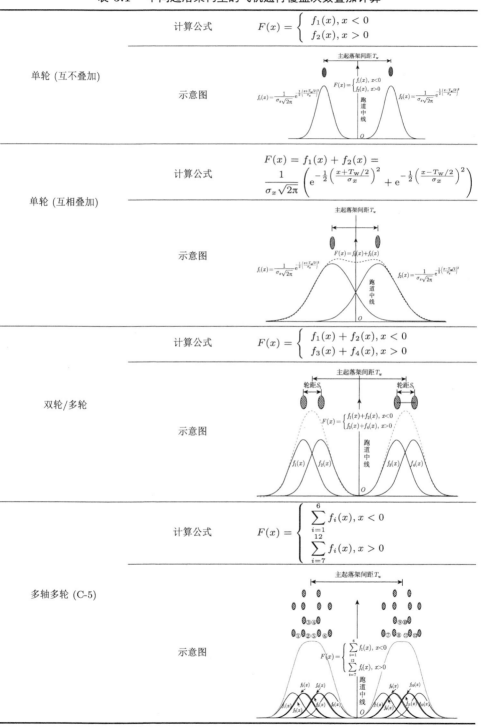

单轮 (互不叠加)

计算公式

$$F(x) = \begin{cases} f_1(x), & x < 0 \\ f_2(x), & x > 0 \end{cases}$$

示意图

单轮 (互相叠加)

计算公式

$$F(x) = f_1(x) + f_2(x) = \frac{1}{\sigma_x \sqrt{2\pi}} \left(\mathrm{e}^{-\frac{1}{2}\left(\frac{x + T_{\mathrm{w}}/2}{\sigma_x}\right)^2} + \mathrm{e}^{-\frac{1}{2}\left(\frac{x - T_{\mathrm{w}}/2}{\sigma_x}\right)^2} \right)$$

示意图

双轮/多轮

计算公式

$$F(x) = \begin{cases} f_1(x) + f_2(x), & x < 0 \\ f_3(x) + f_4(x), & x > 0 \end{cases}$$

示意图

多轴多轮 (C-5)

计算公式

$$F(x) = \begin{cases} \displaystyle\sum_{i=1}^{6} f_i(x), & x < 0 \\ \displaystyle\sum_{i=7}^{12} f_i(x), & x > 0 \end{cases}$$

示意图

5.3 道面允许作用次数计算

《军用机场水泥混凝土道面设计规范》GJB 1278A—2009 中，考虑了温度应力造成的疲劳损伤，将荷载疲劳应力与温度疲劳应力之和乘以一定的可靠度系数小于混凝土的设计抗弯拉强度作为设计标准，如式 (5.6) 所示：

$$\gamma_r(\sigma_{pr} + \sigma_{tqr}) \leqslant f_r \tag{5.6}$$

式中，γ_r 为可靠度系数，当目标可靠度为 95%，施工变异水平低时，取值范围为 1.14~1.20，当目标可靠度为 93%，施工变异水平低时，取值范围为 1.13~1.18，当目标可靠度为 93%，施工变异水平高时，取值范围为 1.19~1.29；σ_{pr} 为荷载疲劳应力，MPa；σ_{tqr} 为温度疲劳应力，MPa；f_r 为水泥混凝土的设计弯拉强度，MPa。

式 (5.6) 中，与荷载重复作用次数相关的参数为荷载疲劳应力 σ_{pr}，规范中采用式 (5.7) 计算：

$$\sigma_{pr} = k_f\sigma_p \tag{5.7}$$

其中

$$k_f = 0.8N'^c \tag{5.8}$$

式中，k_f 为疲劳应力系数；σ_p 为计算荷载应力，MPa；N' 为荷载重复作用次数；c 为与混合料性质相关的指数，建议取值为 0.024。

当式 (5.6) 取等号时，道面疲劳荷载应力达到极限状态，此时计算得到的荷载重复作用次数即为道面的允许作用次数，联立式 (5.6)~ 式 (5.8) 可得式 (5.9)：

$$N' = \left[\frac{(f_r/\gamma_r - \sigma_{tpr})}{0.8\sigma_p}\right]^{\frac{1}{0.024}} \tag{5.9}$$

实际上，考虑荷载与温度共同作用的极限状态方程源于以下双对数疲劳方程式 (5.10)：

$$\lg\left(\frac{\sigma_p}{f_r - \sigma_{tqr}}\right) = \lg a - b\lg N' \tag{5.10}$$

式中，a 和 b 为回归系数，取值分别为 1.25 和 0.024。

分析式 (5.6) 可知，荷载疲劳损伤为在一定可靠度下材料的容许弯拉强度减去温度的疲劳损伤。式 (5.10) 经过变换可得式 (5.11) 和式 (5.12)：

$$\frac{N'^b}{a}\sigma_p = f_r - \sigma_{tqr} \tag{5.11}$$

$$k_f = \frac{1}{a}N'^b \tag{5.12}$$

联合式 (5.11) 与式 (5.12) 求解 N'，并考虑可靠度的影响，得到式 (5.9) 所示的道面允许作用次数计算公式。

考虑了机轮荷载的纵向分布后，将不同位置机轮荷载代入道面有限元模型中得到的道面计算荷载应力为变量，将道面各点的计算荷载应力代入式 (5.9)，可以得到道面各点的允许作用次数计算式 (5.13)：

$$N'(x,y) = \left[\frac{(f_{\mathrm{r}}/\gamma_{\mathrm{r}} - \sigma_{\mathrm{tpr}})}{0.8\sigma_{\mathrm{p}}(x,y)} \right]^{\frac{1}{0.024}} \tag{5.13}$$

式中，$\sigma_{\mathrm{p}}(x,y)$ 为道面坐标 (x,y) 处的计算荷载应力，MPa。

5.3.1　计算荷载应力

现行道面设计规范中计算的道面荷载应力仅考虑了荷载 (静载乘以动载系数) 作用于最不利荷位时产生的板底最大拉应力，未考虑荷载沿跑道纵向的变化导致的道面各点受力的不同。第 3 章基于整机滑跑动力学模型实现了机轮动载计算，将该方法用于设计还需确定 IRI 的取值。同济大学对国内多个民用机场道面的平整度进行测试，统计结果根据飞行区等级的不同，IRI 取值范围如下：4C 等级机场为 2~3.28，4D 等级机场为 1.65~2.65，4E 等级机场为 1.30~2.50，4F 等级机场为 1.23~2.03[136]。IRI 实测值随飞行区等级的提高而减小，IRI 取值范围为 1.23~3.28。军用机场对于道面平整度的评价仍采用 3m 直尺法，龙小勇 [149] 对 30 个军用机场的 3m 直尺数据进行统计，并借鉴孙立军 [150] 建立的路面 IRI-L (L 为破损指数) 转换关系 $L = 100 \left\{ 1 - \exp\left[-(a/\mathrm{IRI})^b \right] \right\}$ (a 和 b 为待定系数) 得到图 5.3 所示关系曲线。

$$L = 100 \left\{ 1 - \exp\left[-(8.42/\mathrm{IRI})^{-2.46} \right] \right\}, R^2 = 0.7574 \tag{5.14}$$

龙小勇 [149] 根据上述公式，基于二次导数拐点法，确定了 IRI 衰减速度最快的峰值点 (IRI=3.2)，如图 5.4 所示，将其作为预防性养护的最佳时机。

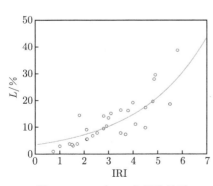

图 5.3　IRI 与 L 之间的关系

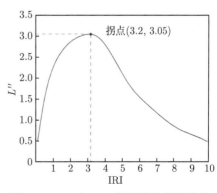

图 5.4　IRI 与 L 二阶导数之间的关系

IRI 转换数据显示，上述机场仍有 23.33% 的 IRI 大于 4，但这些机场最终的检测结论均为 "道面表面质量状况为差，建议翻修"。结合民用机场的实测值，在道面设计中将 IRI 保守取值为 4。

第 3 章已通过整机滑跑动力学模型计算得到了道面动载系数的纵向分布，将纵向分布荷载代入第 4 章建立的单层九块板有限元模型中可以得到道面应力的纵向分布。为了简化计算，考虑动载系数引起的荷载变化时，假设轮印面积保持不变，取值参考设计规范，由于道面结构有限元为线弹性体，在道面结构相同的情况下，荷载与道面最大应力成比例关系。将跑道按照 100m 等间距分段，计算各分段区间内两种机型着陆、单机起飞、双机起飞时机轮动载系数最大值 (IRI=4)，分别如表 5.2～表 5.7 所示。

表 5.2　机型 A 着陆各分段区间内的机轮动载系数最大值

道面位置/m	[0,100)	[100,200)	[200,300)	[300,400)	[400,500)
机轮动载系数最大值	0.000	0.268	0.391	0.508	0.618
机轮动载系数最大值	1.180	1.180	1.180	1.180	1.180
道面位置/m	[500,600)	[600,700)	[700,800)	[800,900)	[900,1000)
机轮动载系数最大值	0.721	0.817	0.903	0.980	1.047
机轮动载系数最大值	1.180	1.180	1.180	1.180	1.180
道面位置/m	[1000,1100)	[1100,1200)	[1200,1300)	[1300,1400)	[1400,1500)
机轮动载系数最大值	1.101	1.142	1.168	1.179	1.180
机轮动载系数最大值	1.180	1.180	1.180	1.180	1.179
道面位置/m	[1500,1600)	[1600,1700)	[1700,1800)	[1800,1900)	[1900,2000)
机轮动载系数最大值	1.180	1.180	1.180	1.180	1.180
机轮动载系数最大值	1.168	1.142	1.101	1.047	0.980
道面位置/m	[2000,2100)	[2100,2200)	[2200,2300)	[2300,2400)	[2400,2500)
机轮动载系数最大值	1.180	1.180	1.180	1.180	1.180
机轮动载系数最大值	0.903	0.817	0.721	0.618	0.508
道面位置/m	[2500,2600)	[2600,2700)	[2700,2800)		
机轮动载系数最大值	1.180	1.180	1.180		
机轮动载系数最大值	0.391	0.268	0.000		

注：由于飞机可以分别从跑道两端着陆，因此同一道面位置下有两组机轮动载系数最大值，表 5.3 同。

表 5.3　机型 B 着陆各分段区间内的机轮动载系数最大值

道面位置/m	[0,100)	[100,200)	[200,300)	[300,400)	[400,500)
机轮动载系数最大值	0.000	0.287	0.412	0.531	0.642
机轮动载系数最大值	1.205	1.205	1.205	1.205	1.205
道面位置/m	[500,600)	[600,700)	[700,800)	[800,900)	[900,1000)
机轮动载系数最大值	0.747	0.843	0.931	1.009	1.076
机轮动载系数最大值	1.205	1.205	1.205	1.205	1.205
道面位置/m	[1000,1100)	[1100,1200)	[1200,1300)	[1300,1400)	[1400,1500)
机轮动载系数最大值	1.130	1.171	1.196	1.205	1.205
机轮动载系数最大值	1.205	1.205	1.205	1.205	1.205

续表

道面位置/m	[1500,1600)	[1600,1700)	[1700,1800)	[1800,1900)	[1900,2000)
机轮动载系数最大值	1.205	1.205	1.205	1.205	1.205
机轮动载系数最大值	1.196	1.171	1.130	1.076	1.009
道面位置/m	[2000,2100)	[2100,2200)	[2200,2300)	[2300,2400)	[2400,2500)
机轮动载系数最大值	1.205	1.205	1.205	1.205	1.205
机轮动载系数最大值	0.931	0.843	0.747	0.642	0.531
道面位置/m	[2500,2600)	[2600,2700)	[2700,2800)		
机轮动载系数最大值	1.205	1.205	1.205		
机轮动载系数最大值	0.412	0.287	0.000		

表 5.4　机型 A 单机起飞各分段区间内的机轮动载系数最大值

道面位置/m	[0,100)	[100,200)	[200,300)	[300,400)	[400,500)
机轮动载系数最大值	1.000	1.180	1.179	1.123	1.047
道面位置/m	[500,600)	[600,700)	[700,800)	[800,900)	[900,1000)
机轮动载系数最大值	0.961	0.872	0.778	0.681	0.583
道面位置/m	[1000,1100)	[1100,1200)	[1200,1300)	[1300,1400)	[1400,1500)
机轮动载系数最大值	0.483	0.382	0.281	0	0
道面位置/m	[1500,1600)	[1600,1700)	[1700,1800)	[1800,1900)	[1900,2000)
机轮动载系数最大值	0.281	0.382	0.483	0.583	0.681
道面位置/m	[2000,2100)	[2100,2200)	[2200,2300)	[2300,2400)	[2400,2500)
机轮动载系数最大值	0.778	0.872	0.961	1.047	1.123
道面位置/m	[2500,2600)	[2600,2700)	[2700,2800)		
机轮动载系数最大值	1.179	1.180	1.000		

表 5.5　机型 B 单机起飞各分段区间内的机轮动载系数最大值

道面位置/m	[0,100)	[100,200)	[200,300)	[300,400)	[400,500)
机轮动载系数最大值	1.000	1.206	1.197	1.125	1.027
道面位置/m	[500,600)	[600,700)	[700,800)	[800,900)	[900,1000)
机轮动载系数最大值	0.918	0.804	0.685	0.563	0.440
道面位置/m	[1000,1100)	[1100,1200)	[1200,1300)	[1300,1400)	[1400,1500)
机轮动载系数最大值	0.314	0	0	0	0
道面位置/m	[1500,1600)	[1600,1700)	[1700,1800)	[1800,1900)	[1900,2000)
机轮动载系数最大值	0	0	0.314	0.440	0.563
道面位置/m	[2000,2100)	[2100,2200)	[2200,2300)	[2300,2400)	[2400,2500)
机轮动载系数最大值	0.685	0.804	0.918	1.027	1.125
道面位置/m	[2500,2600)	[2600,2700)	[2700,2800)		
机轮动载系数最大值	1.197	1.206	1.000		

　　首先通过 ABAQUS 与 MATLAB 的联合仿真，计算机轮荷载 1MPa 下板底各点的最大拉应力分布。机型 A 最大起飞质量静载对地面的压力为 0.928MPa，最大着陆质量静载对地面的压力为 0.659MPa，机型 B 最大起飞质量静载对地面的压力为 0.984MPa，最大着陆质量静载对地面的压力为 0.626MPa。由于有限元模型为线弹性模型，且假设动载变化时轮印面积保持不变，则对应区间内最大机

轮荷载作用下的板底最大拉应力分布等于 1MPa 状态下的应力分布乘静载胎压，再乘动载系数最大值。图 5.5 为机型 A 单机起飞区间 [0,200m] 板底最大拉应力分布 (有限元各结构层参数取值与第 4 章单层九块板模型相同，并对边缘板受力按中间板受力进行简化处理，插值采用样条曲线插值，间隔 0.05m)。

表 5.6　机型 A 双机起飞各分段区间内的机轮动载系数最大值

道面位置/m	[0,100)	[100,200)	[200,300)	[300,400)	[400,500)
机轮动载系数最大值	1.000	1.180	1.177	1.127	1.056
道面位置/m	[500,600)	[600,700)	[700,800)	[800,900)	[900,1000)
机轮动载系数最大值	0.975	0.889	0.800	0.708	0.614
道面位置/m	[1000,1100)	[1100,1200)	[1200,1300)	[1300,1400)	[1400,1500)
机轮动载系数最大值	0.519	0.423	0.326	0.228	0.228
道面位置/m	[1500,1600)	[1600,1700)	[1700,1800)	[1800,1900)	[1900,2000)
机轮动载系数最大值	0.326	0.423	0.519	0.614	0.708
道面位置/m	[2000,2100)	[2100,2200)	[2200,2300)	[2300,2400)	[2400,2500)
机轮动载系数最大值	0.800	0.889	0.975	1.056	1.127
道面位置/m	[2500,2600)	[2600,2700)	[2700,2800)		
机轮动载系数最大值	1.177	1.180	1.000		

表 5.7　机型 B 双机起飞各分段区间内的机轮动载系数最大值

道面位置/m	[0,100)	[100,200)	[200,300)	[300,400)	[400,500)
机轮动载系数最大值	1.000	1.206	1.199	1.135	1.047
道面位置/m	[500,600)	[600,700)	[700,800)	[800,900)	[900,1000)
机轮动载系数最大值	0.948	0.843	0.735	0.622	0.510
道面位置/m	[1000,1100)	[1100,1200)	[1200,1300)	[1300,1400)	[1400,1500)
机轮动载系数最大值	0.395	0.278	0	0	0
道面位置/m	[1500,1600)	[1600,1700)	[1700,1800)	[1800,1900)	[1900,2000)
机轮动载系数最大值	0	0.278	0.395	0.510	0.622
道面位置/m	[2000,2100)	[2100,2200)	[2200,2300)	[2300,2400)	[2400,2500)
机轮动载系数最大值	0.735	0.843	0.948	1.047	1.135
道面位置/m	[2500,2600)	[2600,2700)	[2700,2800)		
机轮动载系数最大值	1.199	1.206	1.000		

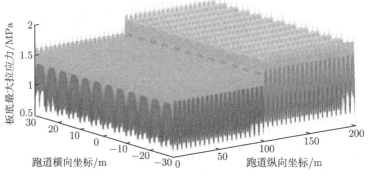

(a) 透视图

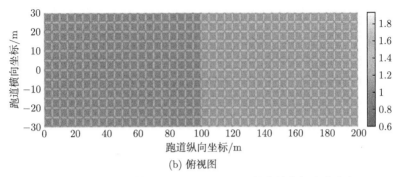

(b) 俯视图

图 5.5　机型 A 单机起飞区间 [0,200m] 板底最大拉应力分布

5.3.2　温度疲劳应力

《军用机场水泥混凝土道面设计规范》GJB 1278A—2009 中温度疲劳应力采用式 (5.15) 计算：

$$\sigma_{\mathrm{tqr}} = k_{\mathrm{tq}} \frac{\alpha_{\mathrm{c}} E_{\mathrm{c}} h T_{\mathrm{g}}}{2} B_{\mathrm{x}} \tag{5.15}$$

式中，k_{tq} 为温度疲劳应力系数；α_{c} 为混凝土的线膨胀系数，通常取值为 $1\times10^{-5}/{}^{\circ}\mathrm{C}$；$h$ 为水泥混凝土板厚，m；E_{c} 为水泥混凝土弯拉弹性模量，MPa；T_{g} 为最大温度梯度，${}^{\circ}\mathrm{C/m}$；B_{x} 为综合温度翘曲应力和内应力的温度应力系数，具体计算参考设计规范。

5.4　实 例 分 析

以机型 A 为例，计算道面各点的累积损伤时，采用第 2 章得到的交通量平面分布规律，道面厚度初拟为 22cm，板块尺寸拟定为 5m×5m，道面各结构层参数与第 4 章单层九块板有限元模型相同。温度应力按自然区划 II 区计算，混凝土的设计弯拉强度为 5MPa，机场设计使用寿命为 30 年。根据上述方法分别计算单机起飞、双机起飞和着陆时道面各点的累积损伤因子，按照荷载在道面的纵向分段，分别计算分段区间内的道面通行覆盖次数和道面允许作用次数。

5.4.1　道面各点的通行覆盖次数计算

采用第 2 章测试统计的交通量分布数据计算道面各点的通行覆盖次数，按照单机起飞、双机起飞和着陆三种状态对其平面分布规律进行拟合。在拟合过程中，为了保证道面各点通行覆盖次数与允许作用次数一一对应，数据离散时，确保道面各点的通行覆盖次数构成的矩阵与道面各点允许作用次数构成的矩阵维度相同，只有这样才能对两个矩阵中的元素进行运算。

5.4.2 道面各点的允许作用次数的倒数计算

将 5.2.1 小节道面荷载应力的计算结果与温度疲劳应力代入式 (5.13)，可以得到各分段区间内道面允许作用次数，图 5.6~ 图 5.8 为跑道端部 400m 范围内，单机起飞、双机起飞和着陆状态下道面的允许作用次数倒数 (由于飞机起飞状态不经过跑道中部，道面允许作用次数为无穷大，这里采用其倒数表达)。

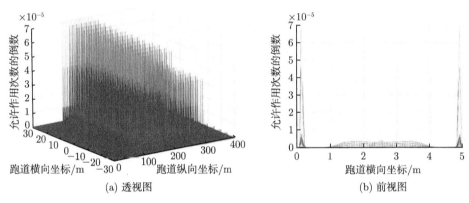

(a) 透视图   (b) 前视图

图 5.6   单机起飞道面允许作用次数的倒数

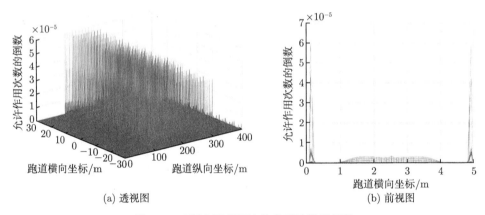

(a) 透视图   (b) 前视图

图 5.7   双机起飞道面允许作用次数的倒数

由三种状态的前视图可知，允许作用次数的倒数极值均出现在每块板的纵边附近，等价于板纵边附近允许作用次数较小，这与板纵边附近的应力较大有关。在跑道纵向上，道面允许作用次数随动载系数的增大而减小。飞机从一端着陆时，道面端部有一段距离不受荷载作用，因此允许作用次数为无穷大，倒数为 0。在此

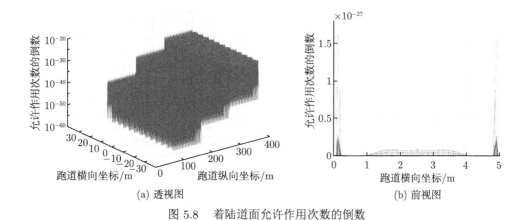

图 5.8　着陆道面允许作用次数的倒数

后的区间里，动载系数较小，若 Z 轴采用线性的等间距表示，区间 [100m,200m) 和 [200m,300m) 的允许作用次数相比区间 [300m,400m) 近似为 0，图中难以显示具体数值。因此，Z 轴采用对数形式，可以表达各点的大小，但不受荷载作用的区间 [0,100m) 的数值为空白，记为 0。

由表 5.4 和表 5.6 可知，起飞状态下两端起降飞机的动载系数关于跑道纵向中点对称分布。为了减少工作量，对半条跑道的允许作用次数的倒数进行计算。忽略边板边界效应的影响，这里假设横向上飞机通行不同的板块产生的最大应力分布相同，仅关注单块板的条带范围内纵向道面允许作用次数的倒数。Z 轴采用对数坐标形式，对半条跑道上单个板块条带上的允许作用次数的倒数进行计算，单机和双机起飞结果分别如图 5.9 和图 5.10 所示。对于着陆，将跑道划分为两段绘制，飞机从另一端着陆具有相同的分布规律，也是对称关系，如图 5.11 和图 5.12 所示。

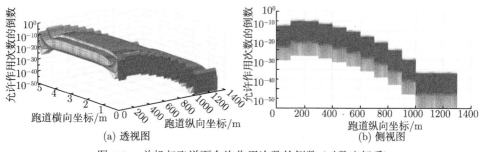

图 5.9　单机起飞道面允许作用次数的倒数 (对数坐标系)

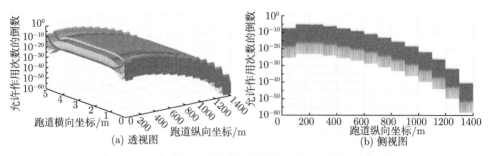

图 5.10   双机起飞道面允许作用次数的倒数 (对数坐标系)

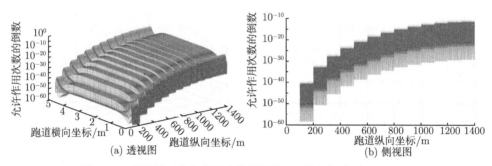

图 5.11   着陆道面允许作用次数的倒数 (对数坐标系，0～1400m)

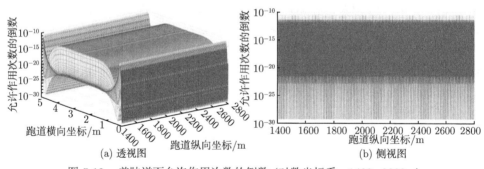

图 5.12   着陆道面允许作用次数的倒数 (对数坐标系，1400～2800m)

由图 5.9～ 图 5.12 可知，荷载对道面允许作用次数的影响很大，忽略荷载的纵向分布，仅以最大荷载作为道面设计的依据会放大对道面的损伤作用。起飞状态下，随着滑跑速度的增加，飞机对道面的动载逐渐减小，越靠近跑道中部，道面允许作用次数越大。尤其是单机起飞状态下飞机滑跑距离短，几乎不经过跑道中点，对跑道中部的荷载作用为 0，道面允许作用次数为无穷大；着陆时随着滑跑速度的降低，动载系数逐渐增大，道面允许作用次数随着滑跑距离的增加而减小，当滑跑距离在跑道中点附近时，飞机转为匀速滑跑状态，荷载不变，道面允许作用次数保持不变。允许作用次数的倒数分布图是以单块板宽度为条带绘制的，若要得到整个横向上的允许作用次数倒数的分布规律，对条带上的数据进行平移处理即可。

5.4.3　道面各点的累积损伤因子计算

通过数据离散得到的道面各点通行覆盖次数矩阵与允许作用次数倒数矩阵的乘积即是道面各点的累积损伤因子。同样按照单机起飞、双机起飞和着陆三种状态计算道面各点的累积损伤因子，结果见图 5.13～ 图 5.18。

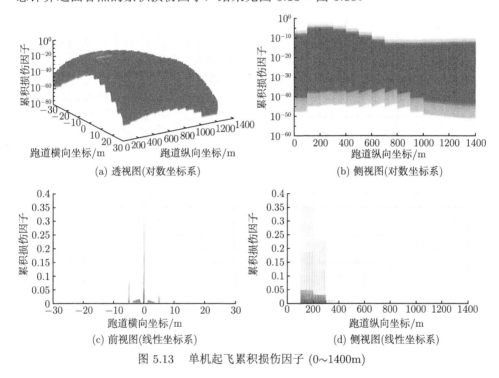

(a) 透视图(对数坐标系)　　　　　　　　(b) 侧视图(对数坐标系)

(c) 前视图(线性坐标系)　　　　　　　　(d) 侧视图(线性坐标系)

图 5.13　单机起飞累积损伤因子 (0～1400m)

由图 5.13～ 图 5.18 可知，考虑了荷载的纵向分布和交通量的平面分布后，累积损伤因子也具有平面分布的特征。对于起飞状态，跑道两端受力较跑道中部受力大，跑道两端的道面允许作用次数较小，而通行覆盖次数较大，因此累积损伤因子较大。其中，单机起飞一端的累积损伤因子最大值为 0.371，处于区间 [100m, 200m]，另一端的累积损伤因子最大值为 0.159，处于区间 [2600m, 2700m]。双机起飞一端累积损伤因子最大值为 0.455，同样处于区间 [100m, 200m]，另一端的累积损伤因子最大值为 0.195，处于区间 [2600m, 2700m]。随着滑跑距离增加，纵向通行因子由 1 逐渐减小为 0，即飞机逐步起飞离地，跑道通行覆盖次数逐渐减小；且随着滑跑速

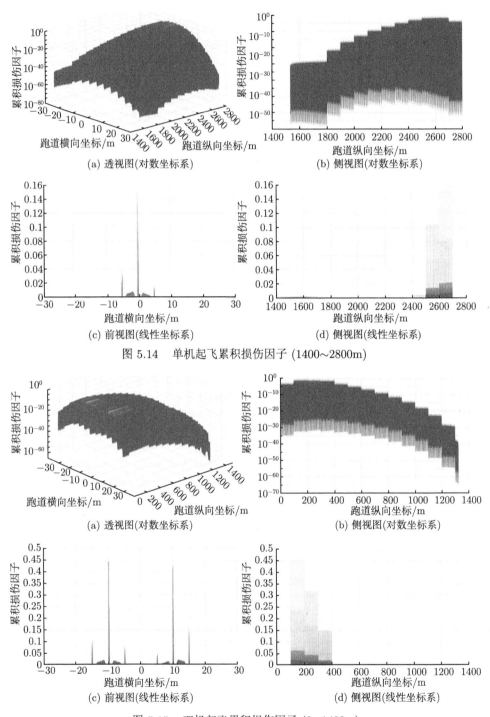

(a) 透视图(对数坐标系)

(b) 侧视图(对数坐标系)

(c) 前视图(线性坐标系)

(d) 侧视图(线性坐标系)

图 5.14　单机起飞累积损伤因子 (1400∼2800m)

(a) 透视图(对数坐标系)

(b) 侧视图(对数坐标系)

(c) 前视图(线性坐标系)

(d) 侧视图(线性坐标系)

图 5.15　双机起飞累积损伤因子 (0∼1400m)

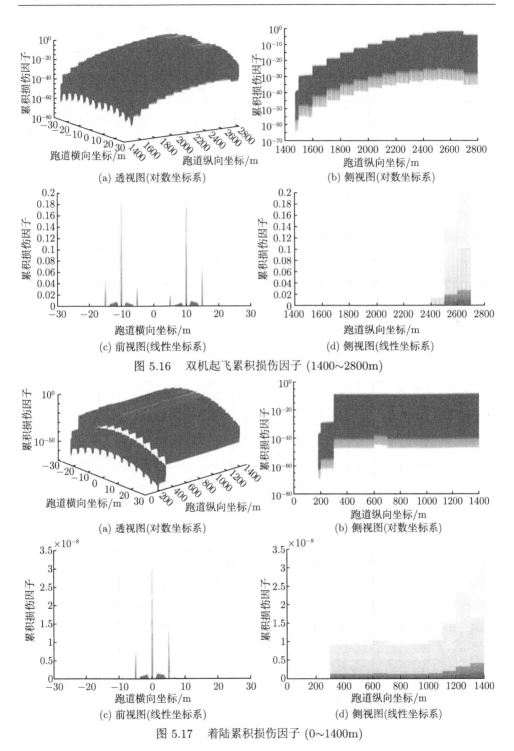

(a) 透视图(对数坐标系)

(b) 侧视图(对数坐标系)

(c) 前视图(线性坐标系)

(d) 侧视图(线性坐标系)

图 5.16　双机起飞累积损伤因子 (1400~2800m)

(a) 透视图(对数坐标系)

(b) 侧视图(对数坐标系)

(c) 前视图(线性坐标系)

(d) 侧视图(线性坐标系)

图 5.17　着陆累积损伤因子 (0~1400m)

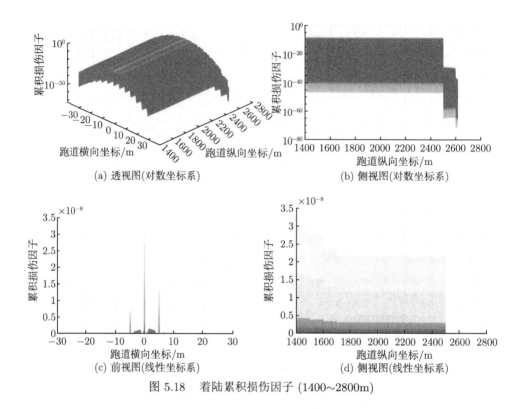

图 5.18　着陆累积损伤因子 (1400~2800m)

度的增大, 荷载减小, 道面允许作用次数增大, 因此累积损伤因子变小。跑道中部的累积损伤因子在纵坐标为对数坐标系时才能显示, 可以忽略不计。此外, 单机起飞跑道损伤主要集中于横断面 20m 范围内, 损伤呈单峰状态; 双机起飞跑道损伤分布于跑道中线两侧, 呈双峰状态。

对于着陆状态, 由于着陆过程贯穿整条跑道, 随着滑跑距离增加, 着陆荷载先逐渐增大后保持不变, 从另一端着陆时, 荷载呈对称分布。对于道面的一点, 两端着陆的飞机均有通行, 但荷载并不相同, 不同荷载作用下道面允许作用次数也存在差异。因此, 在计算累积损伤因子时, 将两侧着陆的交通量加以区分, 分别计算两侧着陆各自通行覆盖次数和累积损伤因子, 再进行求和处理。通过着陆状态全跑道累积损伤因子的平面分布图可知, 跑道两端的损伤较小, 跑道中部的损伤较大, 但最大值仅为 3.011×10^{-8}, 处于区间 [1300m, 1400m]。

5.4.4　累积损伤的平面分布叠加原理

根据 Miner 准则, 综合考虑该机型单机起飞、双机起飞和着陆三种状态下的累积损伤, 对各区间段内的累积损伤因子进行求和处理可以叠加得到整条跑道的累积损伤因子, 见图 5.19 和图 5.20。

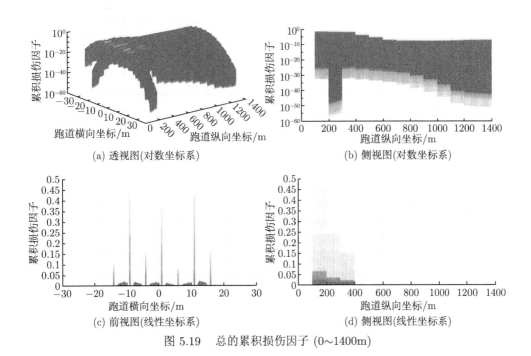

(a) 透视图(对数坐标系)　　　　　(b) 侧视图(对数坐标系)

(c) 前视图(线性坐标系)　　　　　(d) 侧视图(线性坐标系)

图 5.19　总的累积损伤因子 (0~1400m)

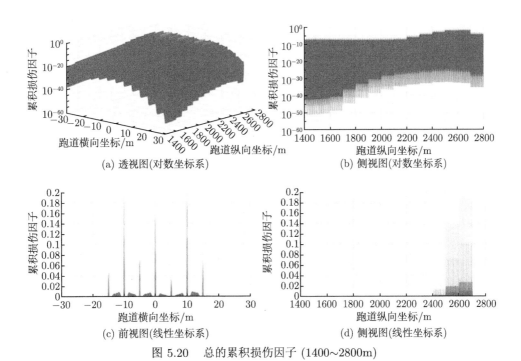

(a) 透视图(对数坐标系)　　　　　(b) 侧视图(对数坐标系)

(c) 前视图(线性坐标系)　　　　　(d) 侧视图(线性坐标系)

图 5.20　总的累积损伤因子 (1400~2800m)

5.5　本章小结

本章着眼于累积损伤计算的通行覆盖次数和允许作用次数两个关键指标，利用不同机型累积损伤作用的叠加原理，对道面各点的累积损伤计算方法进行了阐述。

(1) 基于通行覆盖率的概念确定了交通量与通行覆盖次数的转换关系，结合第 2 章交通量平面分布的测试结果，计算道面各点通行覆盖次数。

(2) 采用第 3 章机轮荷载纵向分布和第 4 章道面有限元模型，计算跑道纵向各分段区间道面各点的应力，并将其代入考虑荷载和温度损伤的疲劳方程，最终得到道面各点的允许作用次数。

(3) 定义了道面各点的累积损伤因子，即道面各点的通行覆盖次数除以道面各点允许作用次数。采用实例计算了机型 A 单机起飞、双机起飞和着陆三种运动状态下道面累积损伤的平面分布情况，并按照 Miner 准则叠加得到总的累积损伤因子。

第 6 章 基于累积损伤平面分布的机场道面设计方法研究

本章提出道面设计原理，并通过实例与极限应力设计法及累积损伤曲线设计方法进行对比，区分起飞、着陆损伤对道面设计厚度的影响，为道面分段分区优化设计和精细化维护决策与管理提供理论参考。

6.1 机场道面设计方法

6.1.1 基于极限应力的机场道面设计方法

《军用机场水泥混凝土道面设计规范》GJB 1278A—2009 中假设通行宽度内轮迹服从均匀分布，多种飞机混合使用时，将其他飞机的交通量采用式 (6.1) 换算为设计飞机的交通量，并采用式 (6.2) 直接累加得到设计飞机的年重复作用次数，综合考虑荷载和温度的疲劳作用，代入极限状态方程式 (5.6) 来判断拟定道面结构是否符合设计要求，具体设计流程如图 6.1 所示。

$$N_{\mathrm{d}ij} = \left(\frac{k_2}{k_1}\right)^{71.31} \left(\frac{r_2}{r_1}\right)^{71.31} \left(\frac{q_2}{q_1}\right)^{41.67} N_{cij} \tag{6.1}$$

$$N_{\mathrm{e}} = \sum_{j=1}^{t} N_{cj} = \sum_{j=1}^{t} \left(N_{\mathrm{s}j} + \sum_{i=1}^{n} N_{\mathrm{d}ij}\right) \tag{6.2}$$

式中，N_{cij} 为第 i 种拟换算飞机第 j 年重复作用次数；$N_{\mathrm{d}ij}$ 为第 i 种拟换算飞机换算为设计飞机第 j 年重复作用次数；N_{e} 为设计基准期内设计飞机的累计重复作用次数；N_{cj} 为设计飞机与拟换算飞机第 j 年的重复作用次数之和；$N_{\mathrm{s}j}$ 为设计飞机第 j 年的重复作用次数；k_1、k_2 分别为设计飞机和拟换算飞机的荷载折减系数；r_1、r_2 分别为设计飞机和拟换算飞机一个主轮的荷载圆半径，m；q_1、q_2 为设计飞机和拟换算飞机一个主轮上的胎压，MPa。

极限应力设计法中通行宽度内交通量均匀分布的假设一定程度上减小了轮迹正态分布曲线最大点的交通量，而转换后总的交通量叠加时认为所有飞机的轮迹分布均与设计飞机的轮迹分布相同，一定程度上又对交通量进行放大。所得到的交通量为一数值，即"点"的交通量模型，且计算着陆交通量时，将其看作 0.75

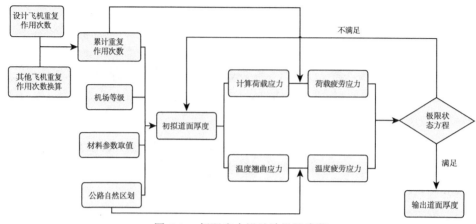

图 6.1   极限应力设计法设计流程

倍的起飞架次,这与实际的交通量分布存在一定的差异。但极限应力设计法极限状态方程中考虑了材料性能和结构尺寸参数的变异水平,采用了可靠度设计方法,并考虑了温度的疲劳损伤作用,关于这几点累积损伤计算方法中并未涉及。

6.1.2   基于累积损伤曲线的机场道面设计方法

FAA 借鉴实验室和室外轮迹测试的最新成果,在 AC 150/5320-6E 中取消了"设计飞机"的概念,引入各机型的累积损伤因子,并假设轮迹服从正态分布,定义了通行覆盖率的概念,通过式 (6.3) 计算总的累积损伤因子,根据总的累积损伤因子最大值与 1 的大小关系,判断道面设计是否合理,具体设计流程如图 6.2 所示。

$$\text{CDF} = \sum_{i=1}^{n} \frac{N_i}{N_i'} \tag{6.3}$$

式中,N_i 为第 i 种飞机的通行覆盖次数;N_i' 为第 i 种飞机的允许作用次数;n 为机型种类。

基于累积损伤曲线的道面设计方法考虑了轮迹的正态分布,并结合通行覆盖率的概念,使道面通行覆盖次数的计算更加符合实际。选用设计指标累积损伤因子直接计算各机型的损伤作用,然后线性叠加得到总的疲劳损伤,避免了设计飞机交通量换算产生的分歧。最终结果为各机型累积损伤叠加曲线,推动设计方法由"点"到"线"的进步。但该方法计算过程中忽略了着陆交通量的影响,且未考虑温度的疲劳损伤作用。此外,对于短距起降军用飞机,如某型歼击机的起飞距离仅 400~600m,交通量不仅存在横向分布,其纵向分布也需要考虑。而且,起

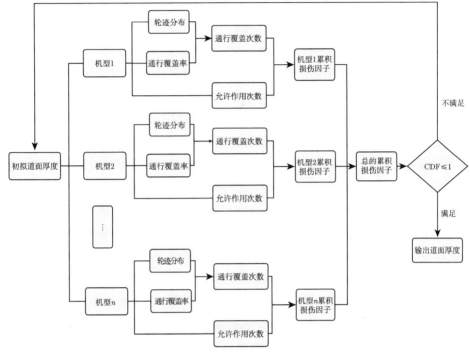

图 6.2　基于累积损伤曲线的道面设计流程

飞、着陆等不同飞机运行状态下的荷载并不是一成不变的，在速度和道面不平度
激励作用下，飞机滑跑过程中的竖向荷载是不断变化的，导致跑道纵向不同部位
受到的机轮荷载并不相同。上述因素均表明基于累积损伤曲线的设计方法还可以
进一步改进。

6.1.3　基于累积损伤平面分布的机场道面设计方法

　　与基于累积损伤曲线的设计方法不同，基于累积损伤平面分布的道面设计方
法一方面考虑了各横断面横向分布的变化规律，并引入纵向通行因子的概念，建
立了交通量的平面分布模型；另一方面，道面允许作用次数计算时考虑了速度和
道面不平度激励作用下飞机起飞、着陆等不同运动状态的机轮荷载纵向分布，并
将军用机场水泥混凝土道面设计方法中考虑的可靠度和温度损伤引入允许作用次
数的计算方程，实现了道面各点的累积损伤计算。具体设计流程如图 6.3 所示。

　　第 5 章中已对基于累积损伤平面分布的道面设计原理从通行覆盖次数计算、
允许作用次数计算和累积损伤叠加方法三个方面做了较为全面的阐述，这里不再
赘述。

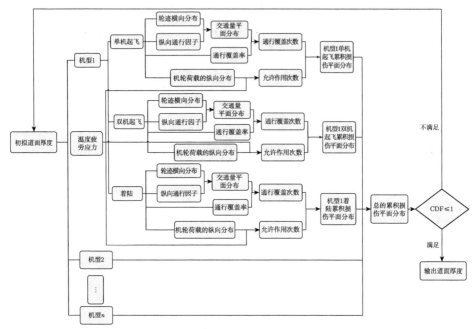

图 6.3　基于累积损伤平面分布的道面设计流程

6.2　基于极限应力的机场道面设计实例

某地的公路自然区划为 Ⅱ 级，拟建某二级军用机场，保障机型为机型 A 和机型 B，年起降架次分别为 7000 和 10000，飞机参数如表 6.1 所示。道面的设计使用年限为 30 年。道面的材料参数见表 6.2。

表 6.1　飞机参数

飞机机型	主起落架构型	最大起飞质量/kg	主起落架荷载分配系数/%	动载系数	胎压/MPa	主起落架间距/m	轮印面积/cm²
机型 A	单轮	18600	90.0	1.25	1.16	2.60	883.95
机型 B	单轮	33000	93.0	1.25	1.23	4.34	1529.27

表 6.2　道面材料参数

混凝土板				基层		土基回弹模量/MPa
尺寸/(m×m)	设计弯拉强度/MPa	弯拉弹性模量/GPa	接缝传荷系数	厚度/m	弹性模量/MPa	
5×5	5	36	0.65	0.25	255	38

6.2.1　设计飞机的选取及交通量的换算

选择胎压和交通量均较大的机型 B 作为设计飞机，按照式 (6.4) 对两型飞机的一个主轮的动载 P 进行分配：

$$P = \frac{GK_sK_d}{MN} \tag{6.4}$$

式中，G 为设计飞机的最大起飞重量，kN；K_s 为主起落架荷载分配系数；K_d 为动载系数；M 为主起落架个数；N 为一个主起落架的轮胎数量。

由式 (6.4) 可得，$P_A = 108.1\text{kN}$；$P_B = 191.8\text{kN}$。

荷载圆半径：

$$r_A = \sqrt{883.95/3.14} = 16.8\text{cm} = 0.168\text{m}$$

$$r_B = \sqrt{1529.27/3.14} = 22.1\text{cm} = 0.221\text{m}$$

两型飞机年重复作用次数 N 为

$$N = \frac{n\eta W_t}{1000T} \tag{6.5}$$

式中，n 为飞机平均运行次数 (起飞一次计一次运行，着陆一次计 0.75 次运行，一个起降架次等于 1.75 次运行)；η 为通行宽度内设计飞机的通行百分率；W_t 为有效轮胎宽度，m；T 为通行宽度，m。

因此，可得

$$N_A = \frac{7000 \times 1.75 \times 0.9 \times 1 \times 8.3 \times 883.95^{0.5}}{1000 \times 3.8} = 716$$

$$N_B = \frac{10000 \times 1.75 \times 0.9 \times 1 \times 8.3 \times 1529.27^{0.5}}{1000 \times 3.8} = 1345$$

采用式 (6.1) 进行机型年重复作用次数转换，将机型 A 年重复作用次数转换为机型 B 年重复作用次数时，$N_{BA} = 1.147 \times 10^{-7}$ 次，可忽略不计。

使用年限内设计飞机的累计重复作用次数 N_e 由式 (6.6) 计算：

$$N_e = (N_B + N_{BA}) \times 30 = 40350 \tag{6.6}$$

由上述转换公式可知，在进行机型交通量换算时，机型 A 相对于机型 B，其损伤作用可以忽略不计。

6.2.2　荷载疲劳应力计算

初拟道面厚度为 0.29m，按照 GJB 1278A—2009 可得基层顶面回弹模量为 100MPa。

设计飞机作用于板纵缝中点时：

$$\sigma_{p1} = (5.2059 - 2.0984 t_{wx}) \left(\frac{E_c}{E_t}\right)^{0.0715} (K_B r_B)^{1.7114} q_B h^{-1.3692}$$

$$= (5.2059 - 2.0984 \times 0.65) \left(\frac{36000}{100}\right)^{0.0715} 0.221^{1.7114}$$

$$\times 1.23 \times 0.29^{-1.3692} = 2.960 \text{MPa} \tag{6.7}$$

设计飞机作用于板横缝中点时：

$$\sigma_{p2} = (4.5479 - 1.8304 t_{wx}) \left(\frac{E_c}{E_t}\right)^{0.0712} (K_B r_B)^{1.6591} q_B h^{-1.3692}$$

$$= (4.5479 - 1.8304 \times 0.65) \left(\frac{36000}{100}\right)^{0.0712} 0.221^{1.6591}$$

$$\times 1.23 \times 0.29^{-1.3692} = 2.795 \text{MPa} \tag{6.8}$$

式中，$\sigma_{pi}(i = 1, 2)$ 为计算荷载应力，MPa；t_{wx} 为接缝传荷系数；E_c 为水泥混凝土的弹性模量，MPa；E_t 为基层顶面当量回弹模量，MPa；r_B 为荷载圆半径，m；q_B 为胎压，MPa；h 为水泥混凝土板厚，m；K_B 为荷载折减系数，单轮加载时取值为 1。

荷载作用于板纵缝中点时板底应力较大，板纵缝中点为最不利荷载点位。

荷载疲劳应力系数 k_f 为

$$k_f = 0.8 N^{0.024} = 0.8 \times 40350^{0.024} = 1.032$$

荷载疲劳应力 σ_{pr} 为

$$\sigma_{pr} = k_f \sigma_{p1} = 1.032 \times 2.960 = 3.055 \text{MPa}$$

6.2.3　温度疲劳应力

II 级区划的最大温度应力梯度 T_g 取值为 88°C/m，而面层的相对刚度半径 r_0 可由式 (6.9) 计算：

$$r_0 = h \sqrt[3]{\frac{E_c(1-\mu_0^2)}{6E_t(1-\mu^2)}} = 0.29 \sqrt[3]{\frac{36000(1-0.35^2)}{6 \times 100(1-0.15^2)}} = 1.095 \text{m} \tag{6.9}$$

式中，μ 为水泥混凝土泊松比；μ_0 为土基泊松比；E_c 为水泥混凝土弹性模量；E_t 为基层顶面当量回弹模量。

板的尺寸为 5m×5m，板长 l 与相对刚度半径 r_0 的比 $l/r_0 = 4.566$，当板厚 h 为 0.29m 时，按 GJB 1278A—2009，温度应力系数 $B_x = 0.41$，混凝土线膨胀系数 $\alpha_c = 1 \times 10^{-5}/°C$，水泥混凝土弹性模量 $E_c = 36000$MPa，板的温度翘曲应力 σ_{tqm} 为

$$\sigma_{tqm} = \frac{\alpha_c E_c h T_g}{2} B_x$$
$$= \frac{1 \times 10^{-5} \times 36000 \times 0.29 \times 88}{2} \times 0.41 = 1.883\text{MPa} \tag{6.10}$$

温度疲劳应力系数 k_{tq} 为

$$k_{tq} = \frac{f_r}{\sigma_{tqm}} \left[a \left(\frac{\sigma_{tqm}}{f_r} \right)^c - b \right]$$
$$= \frac{5.0}{1.883} \times \left[0.828 \times \left(\frac{1.883}{5.0} \right)^{1.323} - 0.041 \right] = 0.494 \tag{6.11}$$

式中，f_r 为水泥混凝土弯拉强度标准值；a、b、c 为回归系数，按所在地区的自然区划查表确定。

温度疲劳应力 σ_{tqr} 为

$$\sigma_{tqr} = k_{tq}\sigma_{tqm} = 0.494 \times 1.883 = 0.930\text{MPa} \tag{6.12}$$

6.2.4　强度校核

取二级机场目标可靠度为 95%，变异水平等级为低级，根据《军用机场水泥混凝土道面设计规范》GJB 1278A—2009，可靠度系数 γ_r 取值为 1.20。

$\gamma_r(\sigma_{pr} + \sigma_{tqr}) = 1.20 \times (3.055 + 0.930) = 4.782\text{MPa} < 5.0\text{MPa}$，满足设计要求。

6.3　基于累积损伤曲线的机场道面设计实例

6.3.1　通行覆盖次数计算

设计参数与 6.1 节相同，按照《军用机场水泥混凝土道面设计规范》GJB 1278A—2009，歼击机通行百分比取值为 0.9 时，跑道的通行宽度为 3.8m，由标准正态分布二分位数 $\Phi(\mu_{0.05}) = 0.95$，$\mu_{0.05} = 1.645$，可得机型 A、机型 B 的标准差取值均为 1.155m。这与 20 世纪老机型的测试结果 ($\sigma = 2.83$m)[28]，王振辉[29] 实测两型飞机的单轮标准差建议值 2.05～2.38m 以及本书的轮迹分布测试结果 (测试结果服从正态分布的各截面标准差平均值：机型 A 着陆为 3.30m，单

机起飞为 2.62m，双机起飞为 2.75m；机型 B 着陆为 3.10m，单机起飞为 2.57m，双机起飞为 2.08m) 均有较大差距，规范中考虑的标准差较小，正态分布峰值较大，相对保守。采用规范标准差推荐值，计算各机型通行覆盖次数 (计算时忽略着陆交通量的影响)，结果如图 6.4 所示。

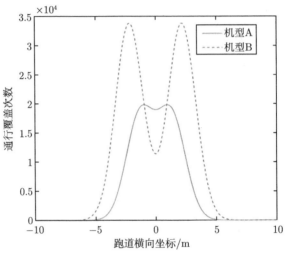

图 6.4   两型飞机的通行覆盖次数

6.3.2   允许作用次数计算

初拟道面厚度为 0.29m，机型 A 和机型 B 分别作用于板纵缝中点，计算荷载应力为

$$
\begin{aligned}
\sigma_{\mathrm{pA}} &= (5.2059 - 2.0984 t_{\mathrm{wx}}) \left(\frac{E_{\mathrm{c}}}{E_{\mathrm{t}}} \right)^{0.0715} r_{\mathrm{A}}^{1.7114} q_{\mathrm{A}} h^{-1.3692} \\
&= (5.2059 - 2.0984 \times 0.65) \left(\frac{36000}{100} \right)^{0.0715} 0.168^{1.7114} \\
&\quad \times 1.16 \times 0.29^{-1.3692} = 1.746\mathrm{MPa}
\end{aligned} \tag{6.13}
$$

$$
\begin{aligned}
\sigma_{\mathrm{pB}} &= (5.2059 - 2.0984 t_{\mathrm{wx}}) \left(\frac{E_{\mathrm{c}}}{E_{\mathrm{t}}} \right)^{0.0715} r_{\mathrm{B}}^{1.7114} q_{\mathrm{B}} h^{-1.3692} \\
&= (5.2059 - 2.0984 \times 0.65) \left(\frac{36000}{100} \right)^{0.0715} 0.221^{1.7114} \\
&\quad \times 1.23 \times 0.29^{-1.3692} = 2.960\mathrm{MPa}
\end{aligned} \tag{6.14}
$$

由于《军用机场水泥混凝土道面设计规范》GJB 1278A—2009 中未引入累积

损伤的计算方法, 这里采用《民用机场水泥混凝土道面设计规范》MH/T 5004—2010 仅考虑荷载疲劳效应的式 (6.15) 计算允许作用次数:

$$N_{\mathrm{e}} = 10^{(14.048-15.117\sigma_{\mathrm{p}}/f_{\mathrm{cm}})} \tag{6.15}$$

式中, f_{cm} 为水泥混凝土弯拉强度设计值。由此可得

$$N_{\mathrm{eA}} = 10^{(14.048-15.117\times1.746/5.0)} = 5.877 \times 10^8 \tag{6.16}$$

$$N_{\mathrm{eB}} = 10^{(14.048-15.117\times2.960/5.0)} = 1.255 \times 10^5 \tag{6.17}$$

6.3.3　累积损伤因子计算

根据累积损伤因子计算公式 (6.3), 两机型的累积损伤曲线分别如图 6.5 和图 6.6 所示。

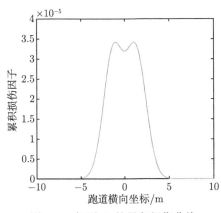

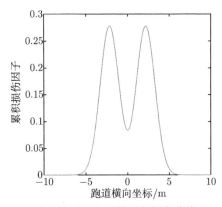

图 6.5　机型 A 的累积损伤曲线　　　图 6.6　机型 B 的累积损伤曲线

叠加后机型 A 的累积损伤可以忽略不计, 总的累积损伤曲线与机型 B 基本重合。按照同样的设计方法, 道面厚度取值为 28cm 和 27cm 时, 总的累积损伤曲线分别如图 6.7 和图 6.8 所示。

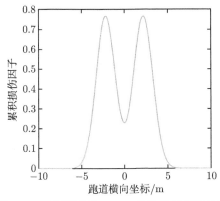

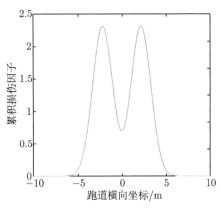

图 6.7　道面厚度为 28cm 时的累积损伤曲线　图 6.8　道面厚度为 27cm 时的累积损伤曲线

当道面厚度取值为 28cm 时，累积损伤因子均小于 1，满足设计要求。当道面厚度取值为 27cm 时，累积损伤因子达 2.3，不满足设计要求。

6.4 基于累积损伤平面分布的机场道面设计实例

6.4.1 道面各点的通行覆盖次数计算

假设两端起降概率为 7:3，机型 A 单机起飞架次与双机起飞架次比值为 4:6，机型 B 单机起飞架次与双机起飞架次比值为 5:5，跑道宽度为 60m(测试轮迹实例的机场跑道宽度为 60m，由于测试时间限制，未开展跑道宽度对交通量平面分布的影响研究)，长度为 2800m。按照第 2 章统计的轮迹平面分布规律，图 6.9～图 6.14 分别为机型 A 和机型 B 着陆、单机起飞、双机起飞通行覆盖次数分布曲面。

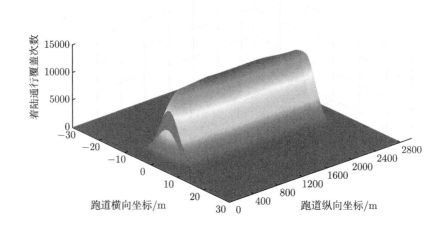

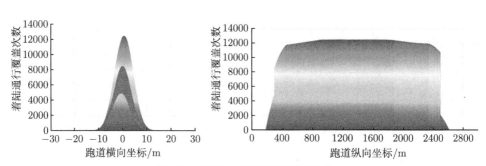

图 6.9 机型 A 着陆通行覆盖次数

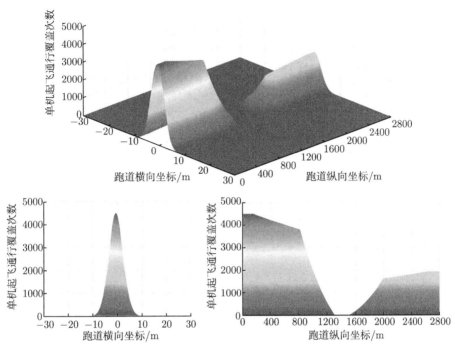

图 6.10 机型 A 单机起飞通行覆盖次数

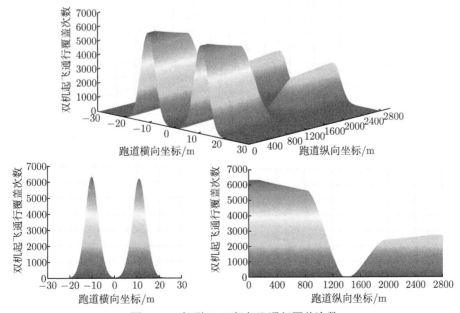

图 6.11 机型 A 双机起飞通行覆盖次数

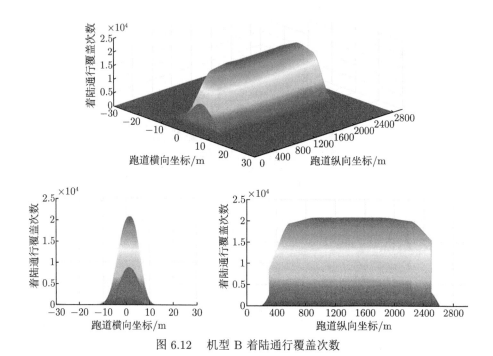

图 6.12   机型 B 着陆通行覆盖次数

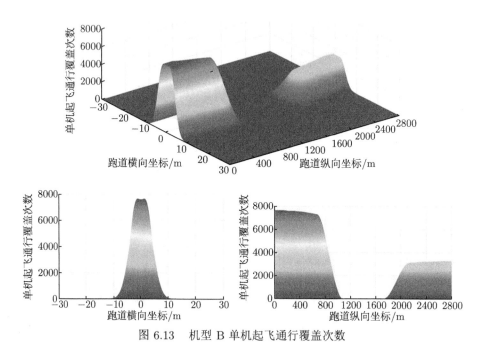

图 6.13   机型 B 单机起飞通行覆盖次数

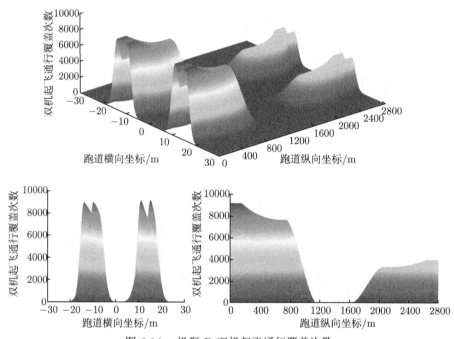

图 6.14　机型 B 双机起飞通行覆盖次数

6.4.2　道面各点的允许作用次数计算

按照第 5 章的相关公式分别计算各机型荷载疲劳应力和温度疲劳应力，代入极限状态方程反算道面允许作用次数。计算荷载疲劳应力时，计算荷载应力采用第 4 章道面有限元模型的相关结果；动载系数仍以第 3 章整机滑跑动力学模型得到的相关公式取值，各机型着陆、单机起飞和双机起飞的动载系数最大值 (100m 分段) 分别如表 5.2~ 表 5.7 所示。拟定道面厚度为 28cm，两种机型不同运行状态下道面各点允许作用次数的倒数如图 6.15~ 图 6.20 所示，同样需要保证允许作用次数矩阵与通行覆盖次数矩阵维度相等。

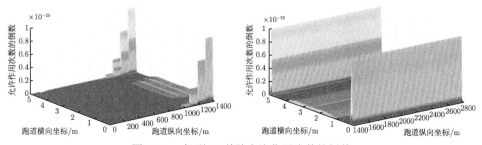

图 6.15　机型 A 着陆允许作用次数的倒数

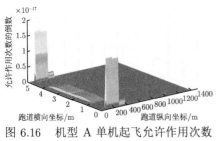

图 6.16　机型 A 单机起飞允许作用次数
的倒数

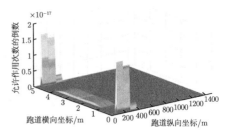

图 6.17　机型 A 双机起飞允许作用次数
的倒数

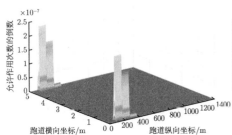
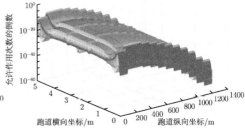

图 6.18　机型 B 单机起飞允许作用次数的倒数

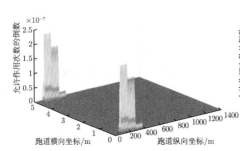
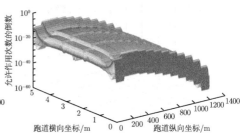

图 6.19　机型 B 双机起飞允许作用次数的倒数

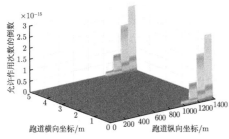
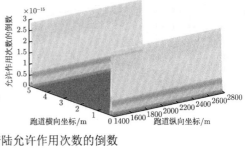

图 6.20　机型 B 着陆允许作用次数的倒数

6.4.3　各机型不同运行状态的累积损伤平面分布

道面各点的通行覆盖次数构成的矩阵与道面各点允许作用次数构成的矩阵相除，得到道面各点的累积损伤因子。通行覆盖次数计算和允许作用次数计算时，都对各机型的运行状态进行了区分，通过矩阵运算可以分别得到各机型单机起飞、双机起飞和着陆三种状态下的累积损伤因子，具体见图 6.21～图 6.26。

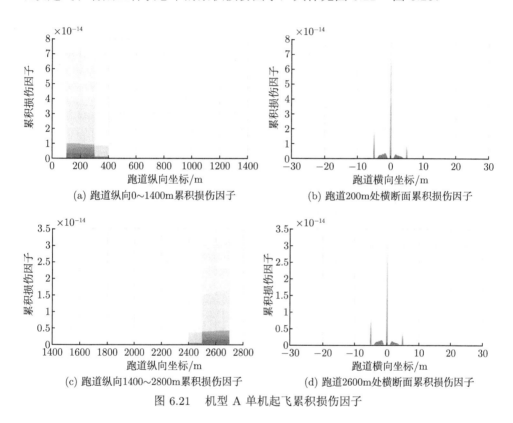

(a) 跑道纵向0～1400m累积损伤因子

(b) 跑道200m处横断面累积损伤因子

(c) 跑道纵向1400～2800m累积损伤因子

(d) 跑道2600m处横断面累积损伤因子

图 6.21　机型 A 单机起飞累积损伤因子

对图 6.21～图 6.26 进行分析，主要得到以下结论：

(1) 各机型不同运行状态下的累积损伤因子在数量级上相差很大，机型 A 单机起飞和双机起飞的累积损伤因子最大值分别为 7.204×10^{-14} 和 1.021×10^{-13}，而着陆的累积损伤因子最大值为 1.258×10^{-19}；机型 B 单机起飞和双机起飞的累积损伤因子最大值分别为 1.774×10^{-3} 和 2.414×10^{-3}，而着陆的累积损伤因子最大值为 5.721×10^{-11}。相比机型 B，机型 A 对道面的累积损伤可以忽略不计，这与累积损伤曲线法的结论相同。

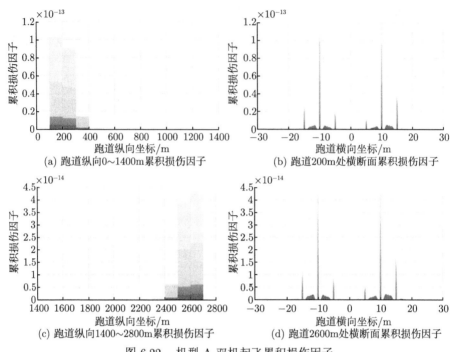

图 6.22　机型 A 双机起飞累积损伤因子

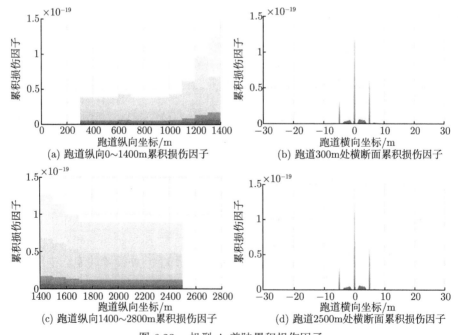

图 6.23　机型 A 着陆累积损伤因子

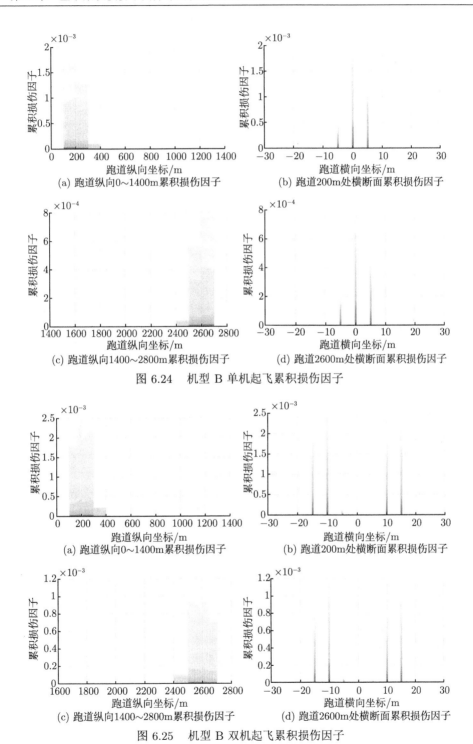

(a) 跑道纵向0~1400m累积损伤因子

(b) 跑道200m处横断面累积损伤因子

(c) 跑道纵向1400~2800m累积损伤因子

(d) 跑道2600m处横断面累积损伤因子

图 6.24　机型 B 单机起飞累积损伤因子

(a) 跑道纵向0~1400m累积损伤因子

(b) 跑道200m处横断面累积损伤因子

(c) 跑道纵向1400~2800m累积损伤因子

(d) 跑道2600m处横断面累积损伤因子

图 6.25　机型 B 双机起飞累积损伤因子

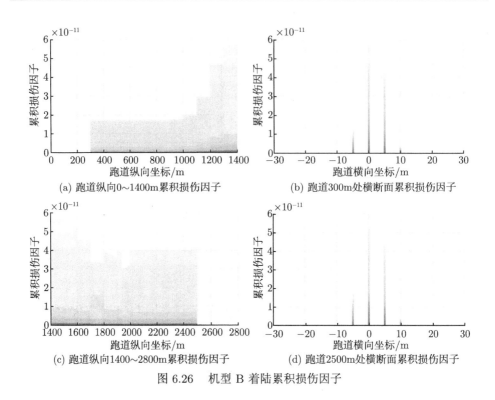

(a) 跑道纵向0~1400m累积损伤因子   (b) 跑道300m处横断面累积损伤因子

(c) 跑道纵向1400~2800m累积损伤因子   (d) 跑道2500m处横断面累积损伤因子

图 6.26   机型 B 着陆累积损伤因子

(2) 各机型不同运行状态下的累积损伤因子最大值出现的位置不同。例如，两个机型单机起飞和双机起飞的累积损伤因子最大值均出现在跑道端部 [100m, 200m]，原因是一方面该区间飞机处于开始低速滑行阶段，在道面不平度激励下的动载系数最大；另一方面，飞机开始滑跑未起飞离地，通行覆盖次数也较大。着陆的累积损伤因子最大值出现在跑道中部 [1300m, 1500m]。飞机着陆时跑道中部的损伤大于跑道端部，原因是靠近跑道中部，飞机均已着陆滑跑，较跑道端部通行覆盖次数大。此外，跑道中部飞机速度较低，升力较小且道面不平度激励产生的动载系数较大，导致着陆对跑道的损伤中部大于端部。

6.4.4　各机型不同运行状态的累积损伤叠加

根据 Miner 准则将不同机型不同运行状态下的累积损伤因子进行叠加，可以计算得到总的累积损伤因子，见图 6.27~ 图 6.30。

由图 6.27~ 图 6.30 可知，两种机型、三种飞机运行状态叠加下跑道的最大累积损伤因子为 2.414×10^{-3}，最大值处于跑道纵向 [100m, 200m]，与机型 B 双机起飞时的损伤最大值相同。累积损伤因子最大值点处机型 B 单机起飞、着陆以及机型 A 所有运行状态的损伤叠加均可忽略不计。该位置处跑道中线累积损伤因子最大

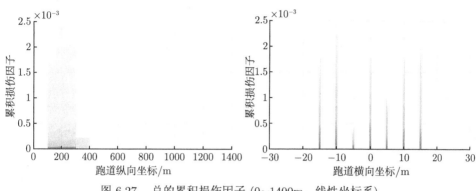

图 6.27　总的累积损伤因子 (0~1400m，线性坐标系)

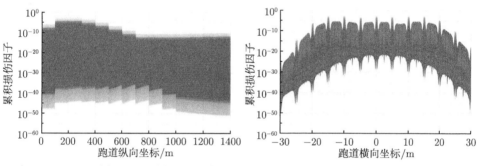

图 6.28　总的累积损伤因子 (0~1400m，对数坐标系)

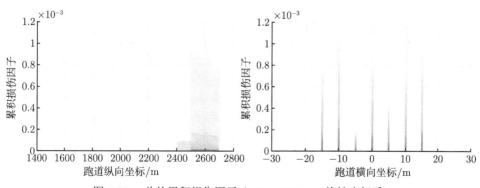

图 6.29　总的累积损伤因子 (1400~2800m，线性坐标系)

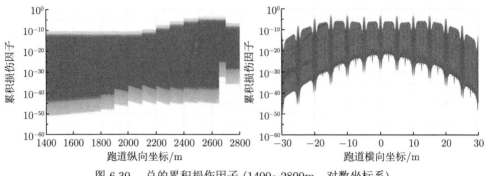

图 6.30   总的累积损伤因子 (1400~2800m，对数坐标系)

值为 1.781×10^{-3}，略大于机型 B 单机起飞时的累积损伤因子，机型 B 双机起飞的累积损伤因子在此处有叠加效应。此外，由对数坐标可知，纵向坐标 [700m, 2100m] 的累积损伤因子基本相等，单独提取该部分的累积损伤因子，绘制如图 6.31 所示线性坐标系。

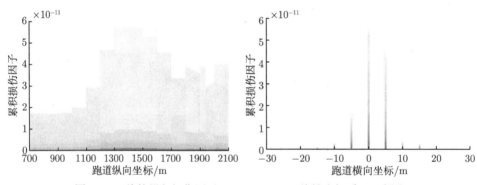

图 6.31   总的累积损伤因子 (700~2100m，线性坐标系)(见彩图)

由图 6.31 可知，该区间的累积损伤因子均处于 10^{-11} 量级，通过与各机型不同运行状态比较可以得出，该部分的损伤主要是机型 B 的着陆损伤。原因主要是，在假设轮印面积不变的情况下，道面各点的累积损伤主要由交通量和动载系数确定。对于机型 B，[700m, 800m] 有限元计算时单机起飞、双机起飞和着陆动载作用下的接地压力分别取值为 0.539MPa、0.578MPa、0.618 MPa，随着滑跑距离的继续增大，飞机升力作用下起飞荷载变小，而着陆匀速滑跑，机轮荷载保持不变。[700m, 2100m]，机轮着陆荷载大于起飞荷载，荷载越大道面导致允许作用次数越少。[700m, 800m]，单机起飞、双机起飞和着陆的通行覆盖次数分别为7194、7597、20413，之后飞机陆续起飞离地，起飞通行覆盖次数逐渐减少，而着陆通行覆盖次数在 [700m, 2100m] 基本不变，因此该部分的损伤主要由着陆损伤决定。这也表明虽然机型 B 起飞与着陆累积损伤因子最大值差别很大，但最大值出现的位置不同, 忽略着陆损伤或者将着陆架次看作 0.75 倍的起飞架次的处理方法对于该机型来说均不够合理。不同运动状态下累积损伤因子的计算结果表明, 机型 B 跑道端部损伤主要由起飞损伤引起, 而跑道中部损伤主要由着陆决定, 在既定交通量与道面结构下, 可以将跑道分为端部和中部分开进行设计。

6.4.5　基于累积损伤平面分布的道面厚度设计

从设计的角度来看, 当道面厚度取值为 28cm 时, 跑道端部和中部的累积损伤因子均小于 1, 道面厚度设计偏于保守, 还可以有减薄的余地。

1. 纵向分段设计

上述基于累积损伤平面分布的道面设计可以计算道面各点的累积损伤因子, 将道面厚度按照步长为 1 依次递减, 分别计算 20~27cm 8 种道面厚度下各点的累积损伤因子, 并截取累积损伤因子在 (0,1) 时的累积损伤曲面侧视图。取各分段区域内在某一道面厚度下累积损伤因子小于 1, 道面厚度减小 1cm 累积损伤因子大于 1 时的道面厚度作为该段的设计厚度。考虑到机轮荷载的对称分布, 起降概率为 7:3, 两端起飞累积损伤因子的比例也为 7:3, 而着陆交通量中部叠加后两侧的差别不大, 因此仅以跑道一半作为研究对象, 20~27cm 8 种道面厚度下道面各点的累积损伤因子侧视图如图 6.32 所示。

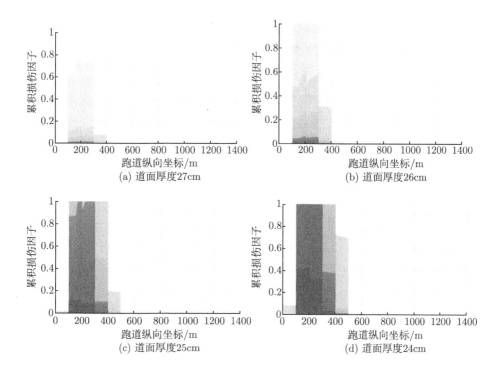

(a) 道面厚度27cm　　　　　　　　(b) 道面厚度26cm

(c) 道面厚度25cm　　　　　　　　(d) 道面厚度24cm

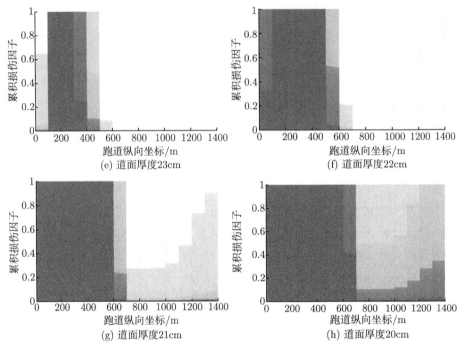

图 6.32　　不同道面厚度下道面各点的累积损伤因子侧视图

由图 6.32 可知，按照累积损伤因子小于 1 的原则，纵向各分段区间的设计厚度如表 6.3 所示。

表 6.3　　纵向各分段区间的设计厚度

纵向坐标/m	[0,100)	[100,200)	[200,300)	[300,400)	[400,500)	[500,600)	[600,700)
设计厚度/cm	23	27	27	26	24	23	22
纵向坐标/m	[700,800)	[800,900)	[900,1000)	[1000,1100)	[1100,1200)	[1200,1300)	[1300,1400]
设计厚度/cm	21	21	21	21	21	21	21

按照表 6.3 进行施工，会带来诸多不便，增加不等厚施工的成本。为了方便，通常以跑道一半作为研究对象，其又分为 [0, 700m) 和 [700m, 1400m) 两段。施工方案如表 6.4 所示，按照混凝土用量最小原则，优选施工分段位置。

表 6.4　　分段施工方案对比

方案	分段一		分段二		单位长度混凝土体积/m³
	位置/m	施工厚度/cm	位置/m	施工厚度/cm	
方案一	[0,100)	23	[100,1400)	27	374
方案二	[0,300)	27	[300,1400)	26	393
方案三	[0,400)	27	[400,1400)	24	348
方案四	[0,500)	27	[500,1400)	23	342
方案五	[0,600)	27	[600,1400)	22	338
方案六	[0,700)	27	[700,1400)	21	336

由表 6.4 可知,采用方案六,将整个道面分为 [0,700m),[700m, 2100m),[2100m, 2800m] 三段,施工厚度分别为 27cm、21cm 和 27cm 所用混凝土在纵向上面积最小。道面厚度分段设计示意图如图 6.33 所示。

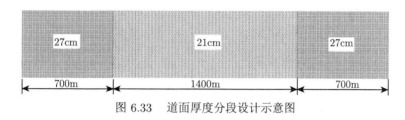

图 6.33 道面厚度分段设计示意图

2. 平面分区设计

受交通量平面分布的影响,同一横截面跑道两侧的交通量很小,这导致了虽然纵向某一断面动载系数取值相同,即道面允许作用次数相同,两侧的通行覆盖次数很小,累积损伤因子相应较小,道面两侧有进一步减薄的空间。在纵向三段的基础上,进一步研究平面分区设计。首先研究 [0, 700m] 横断面的减薄设计,道面厚度取值 22~27cm 时,各点的累积损伤因子前视图如图 6.34。

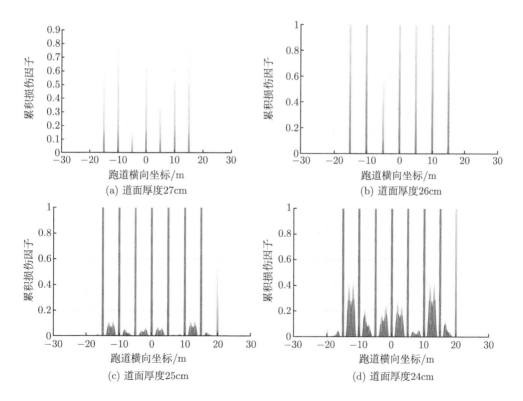

(a) 道面厚度27cm

(b) 道面厚度26cm

(c) 道面厚度25cm

(d) 道面厚度24cm

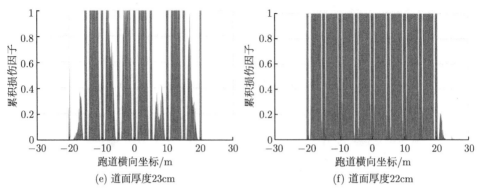

(e) 道面厚度23cm　　　　　　　　　　　(f) 道面厚度22cm

图 6.34　跑道纵向坐标 [0,700m] 不同道面厚度下道面各点的累积损伤因子前视图

按照累积损伤因子小于 1 的原则, [0,700m] 横向各分段区间的设计厚度见表 6.5。

表 6.5　跑道纵向坐标 [0,700m] 横向各分段区间的设计厚度

横向坐标/m	[−30,−20)	[−20,−10)	[−10,0)	[0,10)	[10,20)	[20,30]
设计厚度/cm	23	27	27	27	27	23

接下来对 [700m, 1400m] 的道面厚度进行设计, 道面各点的累积损伤因子前视图如图 6.35。

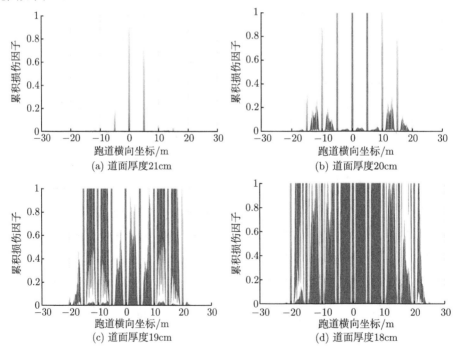

(a) 道面厚度21cm　　　　　　　　　　　(b) 道面厚度20cm

(c) 道面厚度19cm　　　　　　　　　　　(d) 道面厚度18cm

图 6.35　跑道纵向坐标 [700m, 1400m] 不同道面厚度下道面各点的累积损伤因子前视图

按照累积损伤因子小于 1 的原则，[700m,1400m] 横向各分段区间的设计厚度见表 6.6。

表 6.6　跑道纵向坐标 [700m, 1400m] 横向各分段区间的设计厚度

横向坐标/m	[−30,−20)	[−20,−10)	[−10,0)	[0,10)	[10,20)	[20,30)
设计厚度/cm	19	20	21	21	20	19

综合表 6.5 和表 6.6 及纵向分段设计结果，跑道纵向坐标 [0, 700m] 和 [700m, 1400m]，横向坐标 [−20m, 20m] 设计厚度为 27cm，两外侧 10m 范围设计厚度为 23cm；考虑到施工方便，跑道纵向坐标 [700m, 1400m] 也与其一致，共分三段，横向坐标 [−20m, 20m] 设计厚度为 21cm，两外侧 10m 范围设计厚度为 19cm。道面厚度分区设计示意图如图 6.36。

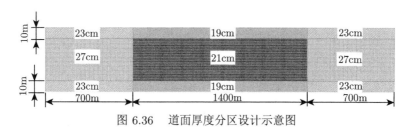

图 6.36　道面厚度分区设计示意图

6.4.6　对既有等厚度道面维护管理的建议

道面各点的累积损伤因子计算方法不仅对道面分段分区设计具有理论指导意义，对于既有等厚度道面维护与管理也能发挥重要作用。道面相同厚度设计条件下，跑道端部和中部的损伤在不同的数量级上，跑道中部的损伤可以忽略不计。进一步来说，对于短距起降飞机，可以通过求解起飞累积损伤因子与着陆累积损伤因子相等的跑道位置来划分跑道端部和跑道中部。图 6.37 为道面厚度 28cm 时，跑道纵向坐标 [600m, 700m] 和 [700m, 800m] 三种状态下的累积损伤因子。

由图 6.37 和图 6.38 可知，跑道纵向坐标 [600m, 700m] 单机、双机起飞累积损伤因子大于着陆累积损伤因子，而跑道纵向坐标 [700m, 800m] 着陆累积损伤因子大于单机、双机起飞累积损伤因子。由交通量纵向分布可知，跑道纵向坐标大于 700m 后着陆交通量近似保持最大值不变，而单机、双机起飞交通量均减小；由动载系数纵向分布图可得，跑道纵向坐标大于 700m 后着陆荷载先增大后保持不变，而单机、双机起飞荷载变小。综上所述，跑道端部 ([0, 700m) 和 (2100m, 2800m]) 主要是起飞损伤，而跑道中部 ([700m, 2100m]) 主要是着陆损伤。

上述划分跑道端部和中部的方法仅针对短距起降飞机，对于部分起飞距离较长的飞机，起飞损伤可能一直大于着陆损伤，这种情况下可以根据累积损伤因子

在线性坐标系中的具体数值来开展道面维护和管理，如图 6.27 和图 6.29 所示，跑道端部 ([0, 400m) 和 (2400m, 2800m]) 需要重点关注和维护。

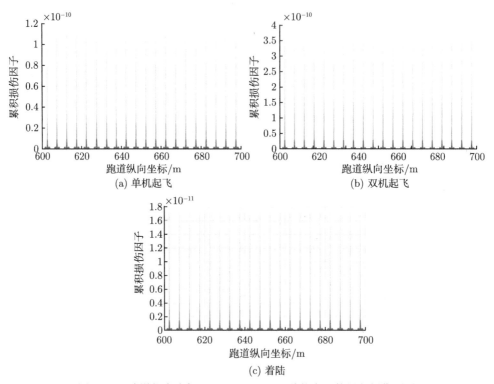

图 6.37　　跑道纵向坐标 [600m, 700m] 三种状态下的累积损伤因子

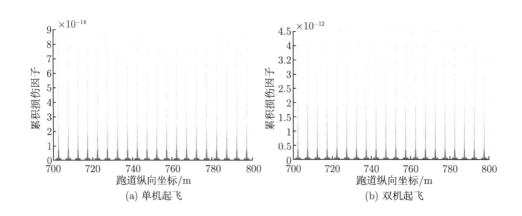

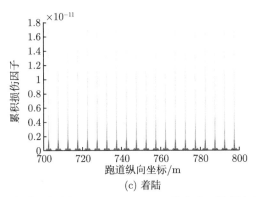

(c) 着陆

图 6.38　跑道纵向坐标 [700m, 800m] 三种状态下的累积损伤因子

6.5　三种设计方法的对比分析

基于极限应力的机场道面设计，通行宽度内均匀分布的交通量假设一定程度上减小了正态分布交通量的最大值，而将所有机型的交通量换算为设计飞机的交通量，叠加时在设计飞机均匀分布交通量模型上线性叠加，未考虑各机型起落架构型的不同，一定程度上又放大了交通量；将着陆架次看作 0.75 倍的起飞架次，更是放大了着陆的损伤作用，该方法计算的交通量与实际交通量存在较大差异。但该方法的极限状态方程中引入了可靠度设计理论，并考虑了温度的疲劳损伤作用，现有的累积损伤理论可以借鉴吸收。

基于累积损伤曲线的机场道面设计，取消了"设计飞机"的概念，不再进行各机型交通量换算，而是根据交通量的正态分布模型和通行覆盖率的定义，分别计算各机型的累积损伤因子，并通过 Miner 准则得到所有机型累积损伤因子的横向分布曲线，根据累积损伤因子最大值与 1 的大小关系来判定既定道面结构是否满足设计要求。计算过程中，忽略了温度和飞机着陆对道面损伤的影响，也没有考虑材料性能和结构尺寸参数的变异水平。

基于累积损伤平面分布的机场道面设计，结合了上述两种方法的优点，一方面在计算道面允许作用次数时考虑了温度的损伤和设计参数变异水平的影响，另一方面引入累积损伤理论来开展道面设计。但其与现有累积损伤理论不同的是：

(1) 交通量模型中引入了纵向通行因子的概念，将均匀分布或正态分布的交通量模型发展为平面分布模型，结合通行覆盖率的定义，可以计算道面任意一点的通行覆盖次数；

(2) 计算道面允许作用次数时，根据建立的整机滑跑动力学模型，考虑了机轮荷载的纵向分布，进而计算损伤时，不仅区分了各机型的损伤作用，还区分了同一机型起飞、着陆等不同飞机运行状态的损伤作用；

(3) 采用单层九块板有限元模型对机轮荷载作用下道面各点的最大拉应力分布进行计算，进而实现了道面各点的累积损伤因子计算。

设计实例结果显示，相同的机型、交通量和道面结构参数条件下，基于极限应力的设计中道面厚度为 29cm，基于累积损伤曲线的设计中道面厚度为 28cm，而基于累积损伤平面分布的设计中道面厚度两端 [0, 700m]、[2100m, 2800m] 为 27cm，中部 (700m, 2100m) 为 21cm，分区设计时每分段区间内横向两侧还可以进一步减薄。设计实例还表明，基于极限应力的道面设计方法将着陆交通量看作 0.75 倍的起飞交通量，基于累积损伤曲线的道面设计方法忽略着陆交通量，将两种设计方法应用于本书所研究的两型短距起降飞机的机场道面设计均不够合理；基于累积损伤平面分布的道面设计方法按照机轮荷载的纵向分布，区分了各机型起飞、着陆等飞机不同运行状态的损伤，根据不同机型不同运行状态叠加后总的累积损伤因子在道面各点的具体数值来开展道面设计，提出道面分段分区减薄设计和日常维护管理的建议。

6.6 本 章 小 结

本章通过实例对基于极限应力的道面设计方法、基于累积损伤曲线的道面设计方法和基于累积损伤平面分布的道面设计方法进行了对比分析，并采用道面各点的累积损伤因子计算结果阐述了道面厚度分段分区设计原理。

概述了三种设计方法的设计流程，指出现有设计方法中可以进一步改进的问题。基于极限应力的道面设计方法中通行宽度内交通量均匀分布的假设、转换后的设计飞机交通量叠加位置相同、将着陆架次看作 0.75 倍的起飞架次，均与实际的交通量分布存在一定的差异。基于累积损伤曲线的道面设计方法忽略了着陆交通量的影响，未考虑设计参数的变异水平和温度的疲劳损伤作用。基于累积损伤平面分布的道面设计方法考虑了交通量的平面分布和机轮荷载的纵向分布，将交通量模型由均匀分布"点"模型和正态分布"曲线"模型发展为平面分布"曲面"模型，进一步区分了起飞、着陆等飞机不同运行状态作用下的道面损伤，从而叠加计算道面各点的累积损伤因子，通过实例验证了方法的可行性，并根据累积损伤因子的纵向分布和平面分布，对道面厚度进行了分段分区优化设计。道面设计实例表明，基于极限应力的道面设计方法最为保守，基于累积损伤曲线的道面设计方法次之，基于累积损伤平面分布的道面设计方法最符合实际情况。

第 7 章　结论与展望

7.1　结　论

本书针对水泥混凝土道面设计规范中有待改进的问题，着眼未来道面设计的发展方向，以道面各点的通行覆盖次数计算和道面各点的允许作用次数计算为两条主线，综合利用交通量平面分布测试、整机滑跑动力学模型、道面有限元分析与现场足尺道面试验等技术手段，建立基于累积损伤平面分布的机场水泥混凝土道面设计原理，本书的主要研究工作和结论如下。

1) 机场交通量平面分布测试系统的研制与模型研究

在全面分析轮迹横向分布测试方法和纵向分布测试方法优缺点的基础上，综合考虑测试条件、测试精度、测试工作量与经费支撑等因素，最终确定了激光测距法为轮迹横向分布测试方法，通行次数法作为轮迹纵向分布测试方法。通过大量的市场调研，确定了将 17 台 FSA-ITS03 型激光测距传感器组成机场道面交通量平面分布测试系统，并对两个军用机场所保障两型短距起降飞机 (机型 A 和机型 B) 的轮迹开展实测和统计，分析了轮迹横向分布规律，并提出了纵向通行因子的概念，研究交通量的纵向分布规律。通过对测试结果统计分析，建立了机场交通量的平面分布模型，并用实例验证了所建立的交通量平面分布模型可以评价道面各点的交通量。本书研制了机场道面交通量平面分布测试系统，对道面交通量横向分布规律 (各截面交通量的具体分布类型) 和纵向分布规律 (各截面交通量横向分布参数沿跑道纵向的变化规律和各截面交通量通行比例沿跑道纵向的变化规律) 开展研究，突破国内现行道面交通量模型建立在交通量横向分布基础上的局限性，将交通量分布模型由通行宽度内均匀分布 "点" 模型和横向正态分布 "线" 模型发展为 "平面" 分布模型，更加符合实际。该模型尤其适用于保障短距起降飞机的军用机场。

2) 基于整机滑跑动力学模型的道面纵向荷载计算

通过变采样频率的滤波白噪声法与 1/4 车辆模型结合，研究了功率谱密度与国际平整度指数的转换关系。考虑机体的升力、上下颠簸、侧倾运动和俯仰运动，建立了六自由度整机滑跑动力学方程，并采用 SIMULINK 工具箱对不同道面平整度和不同滑跑速度下的机轮动载系数进行求解。提出关于道面不平度和滑跑速度的机轮动载系数计算公式，分别计算了两型飞机着陆、单机起飞、双机起飞三种运动状态速度和道面不平度影响下的动载系数在跑道纵向的分布规律。设计荷载取值沿跑道纵向不断变化，考虑了速度和道面不平度的影响，为设计荷载动载系数取值提供参考，也提供了一种动载系数计算的新思路。

3) 道面各点应力快速计算有限元模型构建与现场试验验证

采用 ABAQUS 有限元分析软件对单板模型进行计算，分析了有限元单元类型、单元网络划分、基层和地基扩大尺寸、层间接触条件等因素对道面有限元计算精度与速度的影响。基于双板模型，对比研究了虚拟材料和弹簧单元两种接缝传荷能力模拟方法。综合考虑计算精度与速度，采用移动荷载作用下的弹性地基单层九块板模型，通过 ABAQUS 与 MATLAB 的联合仿真，实现了道面各点板底最大拉应力的快速计算。开展了现场足尺道面试验，通过 FWD 结构反演、接缝传荷能力测试、图像灰度轮印重现、光栅光纤应变采集等技术手段，实测高低胎压作用下道面不同点位处的结构响应，并与有限元模型进行对比验证，分析了实测应变与计算应变产生误差的原因，验证了模型用于道面各点损伤计算的合理性。

4) 道面各点的累积损伤计算

根据交通量平面分布模型与通行覆盖率的概念，计算道面各点的通行覆盖次数。沿跑道纵向以 100m 长度为单位区间，分段计算各区间内的机轮动载系数最大值，并将其代入有限元模型，计算得到了各区间段内板底各点最大拉应力分布。将跑道纵向各分段区间道面各点的应力代入疲劳方程，最终得到道面各点的允许作用次数。定义了道面各点的累积损伤因子，即道面各点的通行覆盖次数与道面各点允许作用次数倒数的乘积。分别计算了既定道面结构飞机着陆、单机起飞、双机起飞等三种运动状态下道面累积损伤的平面分布情况，并按照 Miner 准则叠加得到总的累积损伤曲面。国内的水泥混凝土道面设计规范中，军用机场设计规范将着陆架次看作 0.75 倍的起飞架次，而民用机场设计规范常忽略着陆架次。机场道面交通量平面分布测试和机轮荷载的纵向分布计算均区分了飞机运行状态，分别计算着陆、单机起飞和双机起飞对道面的损伤作用，设计时不再进行起飞、着陆交通量换算，解决了不同设计规范对飞机起飞、着陆交通量换算的分歧。

5) 基于累积损伤平面分布的道面设计原理与流程

基于极限应力的道面设计方法中设计飞机的交通量模型与实际的交通量分布存在较大差异，基于累积损伤曲线的道面设计方法忽略了着陆交通量的影响，未考虑材料性能和结构尺寸参数的变异水平和温度的疲劳损伤作用等。道面设计实例表明，基于极限应力的道面设计方法最为保守，基于累积损伤曲线的道面设计方法次之，基于累积损伤平面分布的道面设计方法最为精确。建立的基于累积损伤平面分布的道面设计方法，在基于累积损伤曲线的道面设计方法上继续发展，可以提供任意一点的道面损伤特性，为道面分段分区优化设计与精细化维护管理提供理论依据。

7.2　展　　望

(1) 研究期间，对两个机场所保障的两种机型开展测试和统计分析，现存测试样本量仅为几千架次。这主要是受机场飞行训练特点限制，保障机型单一，加上测试工作占用时间较长，工作时间受限，后续应开展更多机型轮迹测试，以丰富轮迹分布数据库，编写相应的设计软件。

(2) 本书通过理论计算和仿真方法求解得到了不同道面平整度和速度下的机轮荷载纵向分布，提供了一种机轮动载计算的新思路，未来有条件的情况下，可以采用在飞机机轮安装六分力传感器，在道面预埋传感器等测试手段对机轮荷载及其作用下的道面结构响应进行实测以验证仿真模型。

(3) 分段设计仅以两个机场两种典型机型飞机实测数据为基础，不能覆盖机场全面情况，真正实现分段分区设计，还需要更多机场更多机型的测试资料。

参 考 文 献

[1] Federal Aviation Administration. Airport pavement design and evaluation: AC 150/5320-6E [S]. Washington D C: US Department of Transportation, 2009.

[2] 中国民用航空局. 民用机场沥青道面设计规范: MH/T 5010—2017 [S]. 北京：中国民航出版社，2017.

[3] 中国人民解放军总后勤部. 军用机场水泥混凝土道面设计规范：GJB 1278A—2009 [S]. 北京: 中国人民解放军总后勤部, 2009.

[4] 八谷好高. 机场道面设计与维修 [M]. 田波, 译. 北京: 人民交通出版社, 2015.

[5] Federal Aviation Administration. Airport pavement design and evaluation: AC 150/5320-6A [S]. Washington D C: US Department of Transportation, 1967.

[6] Federal Aviation Administration. Airport pavement design and evaluation: AC 150/5320-6B [S]. Washington D C: US Department of Transportation, 1974.

[7] Federal Aviation Administration. Airport pavement design and evaluation: AC 150/5320-6C [S]. Washington D C: US Department of Transportation, 1978.

[8] Federal Aviation Administration. Airport pavement design and evaluation: AC 150/5320-6D [S]. Washington D C: US Department of Transportation, 1995.

[9] Federal Aviation Administration. Airport pavement design and evaluation: AC 150/5320-6F [S]. Washington D C: US Department of Transportation, 2016.

[10] Pereira A T. Procedures for develop of CBR Design Curve [R]. Instruction Report S-77-1, US Army Corps of Engineerings, Warerways Experiment Station, Vicksburg, 1997.

[11] Packard R G. Design of concrete airport pavement [J]. Transportation engineering journal of ASCE, 1974, 100(3): 567-582.

[12] 日本国土交通省航空局. 机场铺装设计要领和设计事例 [R]. 北京：港湾机场建设技术服务中心, 2008.

[13] Public Works&Government Services Canada, Architechwal and Engineering Services, Air Transportation. Pavement Structural Design Training Manual [R]. ATR-021(AK-77-68-300), Canada, 1995.

[14] 法国运输部民航总局空军基地服务处. 机场道面厚度设计 [Z]. 李明生, 译. 北京：空军工程设计研究局, 1985.

[15] 高列斯基. 机场管理与维修 [M]. 余定选, 厉始一, 译. 北京: 中国铁道出版社, 1989.

[16] 中国民用航空局. 民用机场水泥混凝土道面设计规范：MH/T 5004-2010 [S]. 北京：中国民航出版社, 2010.

[17] Army Department of the Air Force. Planning and Design of Roads, Airbases, and Heliports in the Theater of Operations[R]. Washington D C, 1994.

[18] Paul S D. Airport Planning & Development Handbook—A Global Survey[M]. New York: McGraw-Hill, 1999.

[19] Vedros P J. Study of lateral distribution of aircraft traffic on runways[R]. US Army Engineer Waterways Experiment Station, 1960.

[20] Hosang V A. Field survey and analysis of aircraft distribution on airport pavements[R]. Washington D C: FAA, 1975.

[21] Dulce R. Mechanistic analysis of in-service airfield concrete pavement responses[D]. Urbana-Champaign, Illinois: University of Illinois Urbana-Champaign, 2003.

[22] Mincad Systems Pty. Ltd. APSDS 5.0 brochure of airport pavement structual design system[EB/OL]. https://pavement-science.com.au/softover/apsds/apsds-broc-hure/.

[23] Federal Aviation Administration & the Boeing Company. Statistical extreme value analysis of JFK taxiway centerline deviations for 747 aircraft [Z]. FAA/Boeing Cooperative Research and Development Agreement 01-CRDA-0164, 2003.

[24] Federal Aviation Administration & the Boeing Company. Statistical extreme value analysis of ANC taxiway centerline deviations for 747 aircraft [Z]. FAA/Boeing Cooperative Research and Development Agreement 01-CRDA-0164, 2003.

[25] CROW. Guideline on PCN Assignment in the Netherlands (CROW-report 05-06)[R]. Netherlands: Galvanistraat, 2005.

[26] 中国人民解放军总后勤部. 军用机场沥青道面技术规范: GJB 5766—2006 [S]. 北京: 中国人民解放军总后勤部, 2006.

[27] 赵鸿铎. 适应大型飞机的沥青道面交通荷载分析方法及参数的研究 [D]. 上海: 同济大学, 2007.

[28] 李乐. 军用机场跑道平面尺寸可靠性设计 [D]. 西安: 空军工程大学, 2009.

[29] 王振辉. 基于损伤优化模型的机场道面设计 [D]. 西安: 空军工程大学, 2010.

[30] 吴爱红, 蔡良才, 顾强康, 等. 适应未来大型飞机的水泥混凝土道面设计方法 [J]. 北京航空航天大学学报, 2011, 37(9): 1169-1175.

[31] 蔡良才, 朱占卿, 吴爱红. 基于累积损伤因子的水泥混凝土路面设计 [J]. 交通运输工程学报, 2012, 5(4): 5-12.

[32] 林小平. 复杂条件下机场跑道沥青加铺层结构设计理论与方法 [D]. 上海: 同济大学, 2007.

[33] 李青, 赵鸿铎, 姚祖康. 基于道面响应的飞机荷载作用次数计算方法 [J]. 同济大学学报 (自然科学版), 2008, 36(12): 1637-1641.

[34] 雷电. 民用机场跑道轮迹横向分布规律的研究 [D]. 上海: 同济大学, 2013.

[35] 史恩辉. 不均匀接触应力作用下机场沥青道面空间结构响应 [D]. 上海: 同济大学, 2015.

[36] Li Q, Zhao H D, Yao Z K. Calculation method of the plane load frequency based on channel response[J]. Journal of Tongji University (Natural Science Edition), 2008, 36(12): 1637-1641.

[37] 岑国平, 陆松, 洪刚, 等. 机场跑道宽度可靠度设计方法研究 [J]. 科技导报, 2014, 32(22): 47-51.

[38] Cai L C, Wang H F, Zhang L L, et al. A residual life prediction model for airport pavement based on cumulative damage[J]. Journal of Traffic and Transportation Engi-

neering, 2014, 14(4): 1-6.

[39] 吴爱红. 基于累积损伤曲面的机场道面设计方法研究 [D]. 西安: 空军工程大学, 2011.

[40] Morris G J. Response of a turbojet and a piston-engine transport airplane to runway roughness[R]. Washington D C: Technical Report Archive & Image Labrary, 1965.

[41] Isbill Associates, Inc. Denver International Airport-preliminary pavement design report[R]. Colorado, 1990.

[42] 许金余, 邓子辰. 机场刚性道面动力分析 [M]. 西安: 西北工业大学出版社, 2002.

[43] 张明. 飞机地面动力学若干关键技术研究 [D]. 南京: 南京航空航天大学, 2009.

[44] Niki D B, Dimitrios D T. Dynamic effects of moving loads on road pavements : A review[J]. Soil Dynamic and earthquake Engineering, 2011, 31:547-567.

[45] Sun L, Zhang Z M, Ruth J. Modeling indirect statistics of surface roughness[J]. Journal of Transportation Engineering, 2011,127(2):105-111.

[46] 张献民, 陈新春, 李少波. 基于国际平整度指数 IRI 的飞机动载系数分析 [J]. 南京航空航天大学学报, 2016, 48(1): 136-142.

[47] 凌建明, 刘诗福, 袁捷, 等. 采用 IRI 评价机场道面平整度的适用性 [J]. 交通运输工程学报, 2017, 71(1): 20-27.

[48] 娄锐. 飞机起落架着陆的多体系统动力学建模与仿真 [D]. 南京: 南京航空航天大学, 2009.

[49] 马晓利, 郭军, 牟让科. 基于 MSC Adams/Aircraft 的飞机起落架着陆动态性能分析 [J]. 计算机辅助工程, 2006,15(9):33-35.

[50] Tian J, Ding L. Establishment and analysis of drop simulation experiment platform of landing gear based on ADAMS/Aircraft[C]. International Conference on Information Science & Engineering, Hangzhou, 2010.

[51] Wang X P, Chi H, Zhang M. Development of Auto-Modeling Program Based on ADAMS Marcos for Aircraft Landing Gear Dynamic Loads Simulaiton Analysis[C]. International Conference on Intelligent Computation Technology and Automation, Changsha, 2009.

[52] 杨尚新. 民用飞机滑跑性能研究 [J]. 装备制造技术, 2015(8):76-79.

[53] 苟能亮. 四点式起落架飞机地面动力学分析 [D]. 南京: 南京航空航天大学, 2016.

[54] 蔡宛彤, 种小雷, 王海服. 基于 ADAMS 的机场道面平整度评价方法 [J]. 空军工程大学学报 (自然科学版), 2014, 15(1): 15-19.

[55] Liang L, Gu Q K, Liang Z, et al. Simulation analysis of aircraft taxiing dynamic load on random road roughness[J]. Procedia Engineering, 2011:163-169.

[56] 朱立国, 陈俊君, 袁捷, 等. 基于虚拟样机的飞机滑跑荷载 [J]. 同济大学学报 (自然科学版): 2016,44(12):1873-1879.

[57] 薛彦卿. 水泥混凝土路面疲劳损伤机理及养护对策研究 [D]. 南京: 东南大学, 2013.

[58] 鹿青. 动态荷载作用下重载交通水泥混凝土路面的力学响应 [D]. 天津: 河北工业大学, 2014.

[59] Westergaard H M. Theory of concrete pavement design[J]. Proceedings of Highway Research Board, 1928, 7(1): 175-181.

[60] Westergaard H M. Stresses in concrete runways of airports[J]. Proceedings of Highway Research Board, 1939, 19: 197-202.

[61] Ioannides A M, Korovesis G T. Analysis and design of doweled slab-on-grade pavement systems[J]. Transportation Engineering Journal, 1992, 118(6): 745-768.

[62] Pickett G, Ray G K. Influence charts for concrete pavements[J]. Transactions of the American Society of Civil Engineers, 1951, 116: 49-73.

[63] Jones A. Tables of stresses in three-layer elastic systems[J]. Highway Research Board Bulletin, 1962: 342.

[64] Cheung Y K, Zienkiewicz O C. Plates and tanks on elastic foundation—An application of finite element method[J]. International Journal of Solids and Structures, 1965, 1: 451-461.

[65] Huang M H, Thambiratnam D P. Dynamic response of plates on elastic foundation to moving loads[J]. Journal of Engineering Mechanics, 2002, 128(9): 1016-1022.

[66] Chou Y T. Structural analysis computer programs for rapid multicomponent pavement structures with discontinuities—WESLIQUID and WESLAYER[R]. Technical Report 1, 2, and 3, US Army Engineering Waterways Experiment Station, Vicksburg, MI, 1981.

[67] Tabatabaie A M, Barenberg E J. Finite element analysis of jointed of cracked concrete pavements[J]. Transportation Research Record Journal of the Transportation Research Board, 1978, 671: 11-19.

[68] Ioannides A M, Korovesis G T. Analysis and design of doweled slab-on-grade pavement systems[J]. Transportation Engineering Journal, ASCE, 1992, 118(6): 745-768.

[69] Hammons M I, Metcalf J B. Effect of transverse shear on edge stresses in rigid pavements[J]. Journal of Transportation Engineering, 1999(2): 93-100.

[70] Rodney N J. FAA Pavement Design: AC 150/5320-6E and FAARFIELD[R]. FAA Southwestern Region 2008 Partnership Conference in USA, 2008.

[71] Füssl W K, Eberhardsteiner L, Blab R. Mechanical performance of pavement structures with paving slabs – Part II: Numerical simulation tool validated by means of full-scale accelerated tests[J]. Engineering Structures, 2015, 98: 221-229.

[72] Adel R T, Orhan K, Halil C, et al. Development of rapid three-dimensional finite-element based rigid airfield pavement foundation response and moduli prediction models[J]. Transportation Geotechnics, 2017, 13: 81-91.

[73] Ernie H, Jeb S T. State of the practice in pavement structural design/analysis codes relevant to airfield pavement design[J]. Engineering Failure Analysis, 2019, 105:12-24.

[74] 刘文, 凌建明, 赵鸿铎. 考虑接缝影响的机场水泥混凝土道面结构响应 [J]. 公路交通科技, 2007, 12(24): 15-18.

[75] 凌建明, 刘文, 赵鸿铎. 大型军用飞机多轮荷载作用下水泥混凝土道面的结构响应 [J]. 土木工程学报, 2007, 4(40): 60-65.

[76] 李巧生, 王德荣, 李杰, 等. 机场水泥混凝土道面有限元模型建立方法研究 [J]. 振动与冲击, 2010, 2(29): 75-78.

[77] 罗勇, 袁捷. 三维有限元法对水泥混凝土道面接缝传荷作用的模拟方法研究 [J]. 公路交通科技, 2013, 3(30): 32-38.

[78] 张献民, 董倩, 吕耀志. 飞机主起落架构型对道面力学响应的影响 [J]. 西南交通大学学报,

2014,4(49): 675-681.

[79] 戚春香, 高玉换. 设传力杆的刚性道面板接缝力学性能研究 [J]. 科学技术与工程, 2015, 13(15): 189-194.

[80] 邹晓翎, 步永洁, 阮鹿鸣. 大型飞机作用下水泥混凝土道面板尺寸研究 [J]. 公路交通科技, 2016, 7(33):7-11.

[81] David S K, 罗君豪. 典型飞机起落架荷载作用下机场水泥砼道面结构响应分析 [J]. 公路与汽运, 2019,195:55-57.

[82] 阳栋, 谭立新. A380 轮载作用下刚性机场跑道临界响应研究 [J]. 中外公路, 2018, 38(2): 58-63.

[83] 游庆龙, 李京洲, 罗志刚, 等. 飞机轮载作用下机场复合式道面结构力学分析 [J]. 江苏大学学报 (自然科学版),2020, 41(1): 111-117.

[84] Kenney J T. Steady-state vibrations of beam on elastic foundation for moving load[J]. Journal of Applied Mechanics, 1954, 21: 359-364

[85] Thompson W E. Analysis of dynamic behavior of roads subject to longitudinally moving load[J]. High Research Record, 1963, 39: 1-24.

[86] Zaman M, Alvappillai A, Taheri M R. Dynamic analysis of concrctc pavement sresting on a two-parameter medium[J]. International Journal of Numeral Methodical Engineering, 1993, 36: 1465-1486.

[87] Taheri M R, Zaman M. Effects of a moving aircraft and temperature differential on response of rigid pavements[J]. Computers and Structure, 1995, 57(3): 503-511.

[88] Davids W G. 3D finite element study on load transfer at doweled joints in flat and curled rigid pavement[J]. International Journal of Geomechanics, 2001, 1(3): 309-323.

[89] Sawant V A, Patil V A, Kousik D. Effect of vehicle-pavement interactionon dynamic response of rigid pavements[J]. Geomech. Geoeng, 2011, 6(1): 31-39.

[90] 黄晓明, 邓学钧. 移动荷载作用下粘弹性 Winkler 基板的力学分析 [J]. 重庆交通学院学报, 1990, 9(2): 45-51.

[91] 孙璐, 邓学钧. 运动负荷下粘弹性 Kelvin 地基上无限大板的稳态响应 [J]. 岩土工程学报, 1997, 19(2): 14-22.

[92] 许金余. 飞机–道面–土基动力耦合系统有限元分析 [J]. 计算结构力学及其应用, 1994, 11(1): 77-84.

[93] 郑飞, 翁兴中. 飞机荷载作用下水泥混凝土道面板应力计算方法 [J]. 交通运输工程学报, 2010, 10(4): 8-15.

[94] 翁兴中, 寇雅楠, 颜祥程. 飞机滑行作用下水泥混凝土道面板动响应分析 [J]. 振动与冲击, 2012, 14(31): 79-84.

[95] 凌道盛, 张凡, 赵云. 飞机荷载作用下非均匀道基动力响应分析 [J]. 土木工程学报, 2017, 50(2): 97-109.

[96] Hayhoe G F. Traffic testing results from the FAA's national airport pavement test facility[C]. University of Minnesota Minneapolis, MN, 2004:1-7.

[97] Gomez-Ramirez F. Characterizing aircraft multiple wheel load interaction for airport flexible pavement design[D]. Urbana, Illinois: University of Illinois at Urbana-Cham-

paign, 2002.

[98] Hayhoe G F, Garg N, Dong M. Permanent deformations during traffic test on flexible pavement at the National Airport pavement test facility[C]. Proceedings of the 2003 ASCE Airfield Pavement Specialty Conference, Las Vegas, NV, 2003:147-169.

[99] Kasthurirangan G. Performance analysis of airport flexible pavement subjected to new generation aircraft [D]. Urbana, Illinois: University of Illinois at Urbana-Champaign, 2002.

[100] James A H. Analysis of rigid pavement response data induced by military aircraft at Denver international airport[D]. Mississippi State: Mississippi State University, 1997.

[101] 王兴涛, 陈建峰, 叶观宝, 等. 波音 747 型飞机跑道滑行力学响应 [J]. 交通运输工程学报, 2016, 16(2): 1-9.

[102] Fang Y. Analysis of load responses in PCC Airport pavement[J]. International Journal of Pavement Engineering, 2000, 1: 1-14.

[103] Gholam A S, Ehsan K, Abbas A. A comparison effect of aircraft main gear configuration on runway damages by LED and FE method[J]. Journal of Engineering, Design and Technology, 2016, 14(2): 362-371.

[104] Al-Qadi I L, Portas S, Coni M, et al. Runway instrumentation and response measurements [C]. Transportation Research Board 89th Annual Meeting, Washington D C, 2010:162-169.

[105] Fabre C, Balay J M, Lerat P, et al. Full-scale aircraft tire pressure tests[C]. Bearing Capacity of Roads, Railways and Airfields, 8th International Conference (BCR2A'09), Atlantic City, NJ, 2009: 1-11.

[106] Zhao H D, Wu C, Wang X H. Pavement condition monitoring system at Shanghai Pudong International Airport [C]. Geotechnical 2014, Shanghai, 2014: 283-295.

[107] 赵鸿铎, 马鲁宽. 基于实测数据的机场水泥道面变温效应分析 [J]. 同济大学学报 (自然科学版), 2018, 47(12): 1764-1771.

[108] Lee J H, Kim Y T, Tonn S, et al. Airport concrete pavement design by environmental and double dual tandem gear loadings[J]. Proceedings of the Institution of Civil Engineers, 2019, 172(4):210-220.

[109] 顾强康. 机场道面疲劳方程研究 [C]. 第四届国际道路和机场路面技术大会, 昆明, 2002: 144-147.

[110] 张海涛, 于腾江, 吕丽华. 水泥混凝土路面设计极限状态方程的研究 [J]. 土木工程学报, 2015, 7(48): 131-136.

[111] Huang Y H. Pavement Analysis and Design[M]. Upper Saddle River, NJ: Prentice Hall, 1993.

[112] 谈至明, 姚祖康. 水泥混凝土路面疲劳温度应力的计算 [J]. 中国公路学报, 1994, 7(1): 1-7.

[113] 谈至明, 姚祖康, 刘伯莹. 水泥混凝土路面的温度应力分析 [J]. 公路, 2002(8):19-23.

[114] 章文纲, 程铁生, 等. 机场水泥混凝土道面可靠性设计方法的研究 [R]. 西安: 空军工程学院, 1991.

[115] Wan Y L, Bai L F, Han J, et al. Method and realization of significant target recognition

and distance ranging in the binocular stereo vision under low illumination[J]. Infrared and Laser Engineering, 2015, 9(7):631-42.

[116] 徐恒梅. 激光测距系统的设计研究 [D]. 哈尔滨: 哈尔滨工程大学, 2010.

[117] 封博文. 高速公路视频测速中的距离自动标定与测距关键技术研究 [D]. 重庆: 重庆大学, 2015.

[118] Jurdak R, Corke P, Dharman D, et al. Adaptive GPS duty cycling and radio ranging for energy-efficient localization[C]. 8th ACM Conference on Embedded Networked Sensor Systems, Zurich, 2010, 57-70.

[119] 黄昆学. GPS 激光测距系统的算法研究及实现 [D]. 青岛: 山东科技大学, 2010.

[120] Tressler J F, Alkoy S, Newnham R E. Piezoelectric sensors and sensor materials[J]. Journal of Electroceramics, 1998, 2(4): 257-272.

[121] Ji R, Zhao C, Ren X. High precision and high frequency pulse laser ranging system[J]. Infrared & Laser Engineering, 2011, 40(8): 1461-1464.

[122] Xiao X B, Kong X J, Shi Y J, et al. Jet blast resistance experiment of engineered material arresting system[J]. Advanced Materials Research, 2013, 750: 2244-2247.

[123] 方华, 蔡良才, 张罗利. 基于通行覆盖率的机场道面交通量分析 [J]. 四川建筑科学研究, 2013, 39(1): 60-63.

[124] 周洪伟. 正态性检验的几种常用的方法 [J]. 南京晓庄学院学报, 2012(3): 13-18.

[125] 隋福成, 陆华. 飞机起落架缓冲器数学模型研究 [J]. 飞机设计, 2001, 2: 44-51.

[126] 浦志明, 魏小辉. 起落架缓冲器常油孔阻尼性能分析 [J]. 系统仿真计算, 2014,2(10): 125-129.

[127] 许金余, 范建设, 李为民. 机场水泥混凝土道面表面特性及随机振动分析 [M]. 西安: 西北工业大学出版社, 2009.

[128] 梁磊. 航母舰载机起降荷载特性与跑道结构力学响应研究 [D]. 西安: 空军工程大学, 2013

[129] 赵济海, 王哲人, 关朝霞. 路面不平度的测量、分析与应用 [M]. 北京: 北京理工大学出版社, 2000.

[130] 周辅昆, 刘小勤, 曾小泉. 基于 Matlab 的路面不平度数值模拟及验证 [J]. 交通科技, 2013, 26(5): 68-70.

[131] 李仲兴, 黄建宇, 刘亚威, 等. 白噪声路面不平度时域模型的建立与仿真 [J]. 江苏大学学报(自然科学版), 2016, 24(11): 503-506.

[132] 王永生, 姜文志, 王建国, 等. 基于 Simulink 连续系统仿真驱动噪声生成 [J]. 计算机仿真, 2007, 24(11): 308-311.

[133] Poelman M A, Weir R P. Vehicle fatigue induced by road surface roughness[J]. American Society for Testing and Materials Special Technical Publication, 1992, 1164: 97-111.

[134] Gillespie T D, Sayers M. Measuring road roughness and its effects on user cost and comfort[J]. Symposium on Roughness Methodology, 1985: 25-47.

[135] Du Z M, Ling J M, Zhao H D. Numerical expression of dynamic load generated by aircraft at varying IRI and velocities[C]. 2015 Meeting of the Transportation Research Board, Washington D C, 2015.

[136] 朱立国. 基于大型飞机虚拟样机的刚性道面动力行为模拟与表达 [D]. 上海: 同济大学, 2017.

[137] Shiva S. Characterization of stresses induced in doweled joints due to thermal and impact loads[D]. Morgantown: West Virginia University, 2001.

[138] Huang Y H. Pavement Analysis and Design[M]. Upper Saddle River, NJ: Prentice Hall, 1993.

[139] 周正峰. 机场水泥混凝土道面接缝传荷能力研究 [D]. 上海: 同济大学, 2008.

[140] 周正峰, 凌建明. 基于 ABAQUS 的机场刚性道面结构有限元模型 [J]. 交通运输工程学报, 2009(3): 39-44.

[141] 戚春香, 杨简, 崔晓云, 等. 基于挠度传荷系数的机场道面接缝刚度模型 [J]. 中国民航大学学报, 2017, 35(2): 31-34.

[142] Zollinger D G, Soares J. Performance of continuously reinforced concrete pavements: volume VII: Summary[R]. Virginia: Federal Highway Administration, 1999.

[143] Crovetti J A. Design and evaluation of jointed concrete pavement systems incorporating open-graded permeable bases[D]. Urbana-champaign, Illinois: University of Illinois at Urbana-Champaign, 1994.

[144] 廖公云, 黄晓明. ABAQUS 有限元软件在道面工程中的应用 [M]. 南京: 东南大学出版社, 2014.

[145] 黄晓明, 邓学钧, 王晓. 刚性道面接缝传荷能力的疲劳规律 [J]. 中国公路学报, 1995, 8(2): 14-18.

[146] 任海峰, 高鸣. Python-Matlab 联合编程 Abaqus 高级后处理技术研究 [J]. 四川兵工学报, 2015, 36(7): 133-138.

[147] 凌建明, 刘诗福, 袁捷. 刚性道面弯沉盆重心距离法及回归模型 [J]. 同济大学学报 (自然科学版), 2018, 46(12): 1683-1689.

[148] 姚炳卿. 机场道面通行覆盖率的计算原理 [J]. 机场工程, 2008, 4: 2-11.

[149] 龙小勇. 季冻区军用机场水泥混凝土道面预防性养护评价及决策研究 [D]. 西安: 空军工程大学, 2019.

[150] 孙立军. 道路与机场设施管理学 [M]. 北京: 人民交通出版社, 2009.

附　录　A

附表 A1　机型 A 着陆通行数量统计

时间/d	不同编号设备通行数量/架次						
	1	2	3	4	5	6	7
1	2	3	7	9	10	10	10
2	2	6	15	15	18	20	20
3	3	10	24	31	32	35	36
4	2	5	11	20	20	20	20
5	2	7	19	29	37	42	42
6	1	7	18	25	27	30	30
7	4	14	21	45	51	51	51
8	2	15	19	32	35	35	35
9	1	9	17	28	35	38	38
10	4	14	26	37	42	44	44
11	3	10	19	23	25	26	26
12	2	11	22	29	31	33	33
13	4	15	27	35	39	42	42
14	1	7	11	19	22	23	24
15	2	16	28	37	46	47	48
16	0	5	11	18	21	24	24
17	2	11	20	27	31	34	34
18	1	6	17	24	28	28	28
19	2	5	9	17	19	20	20
20	3	11	22	34	39	41	42
21	1	5	11	16	17	18	18
22	1	7	8	19	22	24	24
23	2	6	10	17	21	23	23
24	3	10	17	24	27	28	28
25	2	5	12	20	21	22	22
26	3	4	11	23	26	28	28
27	3	9	20	26	27	29	30
28	4	11	22	37	42	43	43
29	1	5	7	14	17	19	19
30	2	7	15	21	25	25	27
31	4	12	21	29	34	36	36
32	0	4	11	19	21	24	24
33	1	5	14	24	29	30	30
合计	70	277	542	823	937	992	999
纵向通行因子	0.070	0.277	0.543	0.824	0.938	0.993	1.000

附表 A2　机型 B 着陆通行数量统计

| 时间/d | 不同编号设备通行数量/架次 | | | | | | | | |
	1	2	3	4	5	6	7	8	9
1	0	3	4	8	15	18	23	24	24
2	0	2	5	6	14	21	27	30	30
3	0	0	3	8	12	15	16	18	18
4	1	2	6	12	27	33	39	43	45
5	0	5	5	10	19	27	37	40	42
6	0	2	6	11	17	22	25	27	28
7	1	3	4	12	21	28	35	36	36
8	0	2	5	8	17	19	28	30	30
9	0	3	4	9	23	30	33	36	36
10	0	0	3	6	17	21	24	25	25
11	0	2	4	7	13	14	17	19	19
12	1	3	9	13	24	27	31	35	36
13	0	2	4	9	13	15	17	18	18
14	1	1	4	13	30	39	43	47	48
15	0	3	6	10	14	20	23	24	24
16	0	1	3	7	17	22	27	30	31
17	0	1	4	8	13	19	24	26	26
18	0	2	7	14	22	28	33	35	36
19	0	2	5	13	26	33	38	40	41
20	1	1	3	11	20	25	31	34	36
21	0	0	2	7	15	17	20	22	22
22	0	1	3	7	14	18	20	24	24
23	1	1	5	13	24	33	38	41	43
24	0	0	2	5	13	19	22	25	26
25	0	1	3	10	20	25	30	33	33
26	1	3	8	15	26	35	41	44	44
27	0	1	4	6	15	17	21	23	24
合计	7	47	121	258	501	640	763	829	845
纵向通行因子	0.0083	0.0556	0.1432	0.3053	0.5929	0.7574	0.9030	0.9811	1.0000

附表 A3　机型 A 单机起飞通行数量统计

| 时间/d | 不同编号设备通行数量/架次 | | | | | | | |
	10	11	12	13	14	15	16	17
1	8	6	6	5	5	2	0	0
2	4	3	3	3	2	2	2	1
3	16	12	11	10	7	2	1	1
4	14	10	10	10	7	3	1	0
5	21	15	7	6	5	3	1	0
6	7	7	5	2	1	0	0	0
7	6	5	4	3	2	2	2	1
8	14	12	4	2	2	0	0	0
9	8	6	6	5	5	2	0	0
10	5	4	3	3	2	2	1	1
11	9	5	5	4	3	2	1	0
12	12	10	7	4	4	3	1	1
13	6	4	3	3	3	3	1	0

续表

时间/d	不同编号设备通行数量/架次							
	10	11	12	13	14	15	16	17
14	12	9	7	5	4	2	2	0
15	10	8	5	4	2	1	1	0
16	6	6	4	2	2	1	1	0
17	6	5	5	4	3	1	0	0
18	16	12	7	6	4	2	2	1
19	8	5	4	3	2	0	0	0
20	4	4	3	3	3	1	1	0
21	5	4	4	3	1	1	0	0
22	10	7	6	4	4	1	1	0
23	6	5	4	3	3	1	1	0
24	4	3	3	3	2	0	0	0
25	12	9	6	5	4	2	1	1
26	13	7	6	6	5	3	2	2
27	7	5	5	4	3	0	0	0
28	19	15	10	6	5	2	1	1
29	11	9	6	5	3	1	0	0
30	10	7	5	4	3	2	1	0
31	12	11	7	4	2	1	0	0
合计	301	230	171	134	103	48	25	10
纵向通行因子	1.000	0.768	0.569	0.448	0.343	0.160	0.083	0.033

附表 A4　机型 B 单机起飞通行数量统计

时间/d	不同编号设备通行数量/架次								
	9	10	11	12	13	14	15	16	17
1	8	8	7	5	3	1	0	0	0
2	6	6	5	4	2	2	1	1	0
3	13	13	11	9	7	2	1	0	0
4	20	19	17	15	10	6	4	2	0
5	16	16	14	13	7	2	0	0	0
6	13	13	12	10	8	2	1	0	0
7	7	7	7	6	5	1	0	0	0
8	20	18	17	15	7	3	3	1	1
9	11	10	10	9	6	2	0	0	0
10	10	10	8	7	5	3	1	0	0
11	18	16	14	12	7	6	6	3	2
12	10	10	9	7	6	3	2	1	0
13	13	13	12	11	5	2	0	0	0
14	10	10	10	9	6	3	1	1	0
15	13	13	12	11	7	3	1	0	0
16	18	18	17	14	7	4	3	1	0
17	19	18	16	13	5	2	2	0	0
18	12	12	11	10	6	2	1	1	0
合计	237	230	209	180	109	49	27	11	3
纵向通行因子	1	0.9705	0.8819	0.7595	0.4599	0.2068	0.1139	0.0464	0.0127

附表 A5　机型 A 双机起飞通行数量统计

时间/d	不同编号设备通行数量/架次							
	10	11	12	13	14	15	16	17
1	12	12	9	8	6	3	3	1
2	16	14	12	11	7	5	5	1
3	20	20	15	14	9	7	4	0
4	28	27	22	20	14	7	5	3
5	30	29	25	19	15	5	4	0
6	28	28	24	20	12	6	4	2
7	32	30	27	23	14	11	8	2
8	30	30	23	19	11	7	5	1
9	18	18	17	14	10	4	4	0
10	12	12	12	10	7	2	2	0
11	24	24	22	19	12	8	6	3
12	32	31	26	22	17	11	7	1
13	18	18	17	13	13	7	4	1
14	12	12	12	10	8	6	6	1
15	24	24	18	17	13	10	6	1
16	22	22	18	13	10	7	5	2
17	14	13	11	11	9	7	4	0
18	26	26	20	19	14	9	6	3
19	10	10	9	7	4	4	4	1
20	20	20	17	14	12	11	7	2
21	18	18	15	11	6	6	6	1
22	18	18	14	13	10	7	4	0
23	16	15	15	12	10	8	5	2
24	24	24	19	15	9	6	6	1
25	18	18	17	15	11	9	7	2
26	30	29	20	17	15	12	7	3
27	12	12	10	8	8	3	3	1
28	8	8	7	6	6	5	3	1
29	16	16	15	11	5	4	4	1
30	20	20	18	15	11	6	5	2
31	32	32	20	16	10	9	7	3
合计	640	630	526	442	318	212	156	42
纵向通行因子	640	630	526	442	318	212	156	42

附表 A6　机型 B 双机起飞通行数量统计

时间/d	不同编号设备通行数量/架次							
	10	11	12	13	14	15	16	17
1	16	16	15	13	11	5	4	0
2	12	12	11	8	4	3	2	0
3	32	32	28	25	16	11	5	1
4	22	21	21	19	15	9	6	1
5	20	20	19	15	10	4	3	0
6	12	12	12	11	10	7	4	1
7	12	12	11	10	6	3	1	0

时间/d	不同编号设备通行数量/架次							
	10	11	12	13	14	15	16	17
8	28	27	23	23	14	9	6	2
9	20	20	18	16	12	8	5	1
10	16	16	16	13	7	6	4	0
11	18	18	17	15	11	10	7	1
12	12	12	11	9	7	5	4	0
13	30	28	25	22	15	7	3	2
14	16	16	15	14	7	6	4	0
15	20	20	19	18	11	4	2	0
16	26	26	24	19	13	9	7	1
17	18	17	17	16	11	7	4	0
18	12	12	10	10	7	5	5	1
合计	342	337	312	276	187	118	76	11
纵向通行因子	1.0000	0.9854	0.9123	0.8070	0.5468	0.3450	0.2222	0.0322

彩　　图

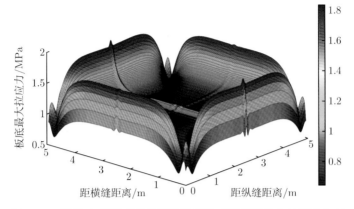

图 4.25　机型 A 机轮荷载作用于道面各点时板底最大拉应力分布

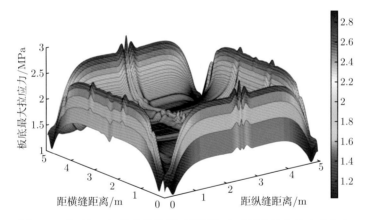

图 4.26　机型 B 机轮荷载作用于道面各点时板底最大拉应力分布

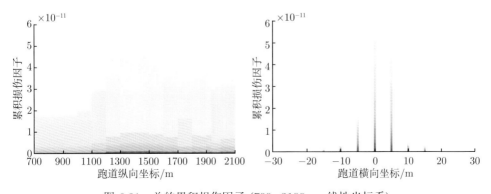

图 6.31　总的累积损伤因子 (700～2100m，线性坐标系)

表 4.33　标准比色灰度与压力的关系

压力/MPa	0.3	0.5	0.7	0.9	1.1	1.3	1.5
标准比色							
R 值均值	245.526	245.626	247.857	251.745	252.904	253.483	253.59
G 值均值	191.385	156.325	119.965	97.71	87.959	83.457	82.814
B 值均值	209.854	179.261	148.982	127.415	117.057	109.39	103.631

表 4.34　轮迹扫描图像与接地均布压力反算结果

项目	单板负荷		双板负荷	
	外轮	内轮	外轮	内轮
感压纸颜色	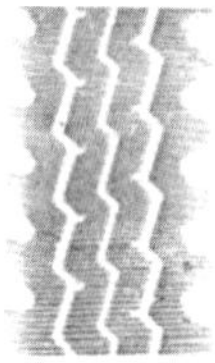		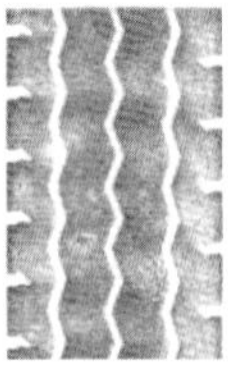	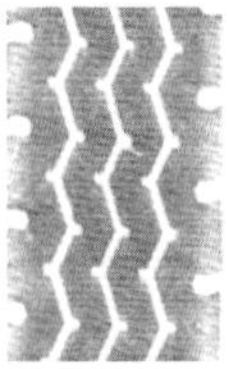
有效轮胎面积占比	0.689	0.736	0.847	0.810
接地均布压力/MPa	0.418	0.408	0.490	0.508
均值/MPa	0.413		0.499	

表 4.38　轮迹扫描图像反算结果

项目	外轮	内轮
感压纸颜色	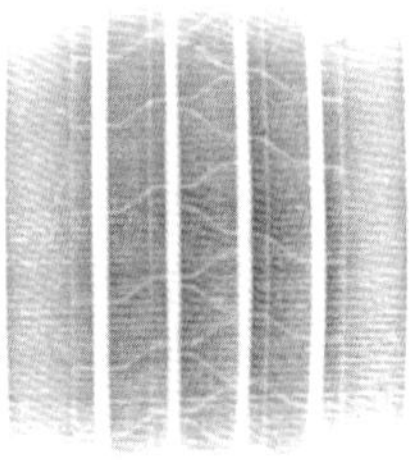	
轮印尺寸/(cm×cm)	25.9×24.7	26.3 ×24.9
有效轮胎面积占比	0.824	0.801